여덟 집과의 대화

집을 읽다。

여덟 집과의
대화

집을 읽다.

포머티브건축사사무소
건축사사무소 공유

로디자인
집 파트너스 건축사사무소

시공문화사

"서로를 이해하고 공감하는 건축가와 건축주가 있을 때
비로소 삶을 담아낼 수 있는 주택을 만들 수 있다."

—

고영성

"집의 근본은 화려한 외관보다는
그 안에 담기는 삶이 묻어나는 공간의 깊이에 있다."

—

이성범

"집을 설계하면서 가장 중요하게 생각하는 것은
집에 살 사람들이 '어떻게 살기 원하는가'이다"

—

김성우

"현대적 삶이 묻어난 새로운 건축 형식을 통해
하나의 땅 위에 전혀 다른 장소가 생성될 수 있다는
가능성을 보여주는 것이 건축가들이 해야 할 역할이다."

—

김동진

"건축가에게 집을 짓는 것은 건축주의 폭넓고 다양한
니즈를 수용하면서 그 속에서 건축주의 삶에 대한
많은 가능성과 가치를 발견하는 것이다."

—

임성필

포머티브건축사사무소

건축사사무소 공유

저마다의 삶이 다르듯 모두가 그리는 집은 다르다. 누군가는 내가 가장 편하게 쉴 수 있는 공간을, 누군가는 나와 가족을 위한 보금자리를, 누군가는 자신의 욕망을 표출할 수 있는 공간을 원한다. 그렇게 우리는 각자의 라이프 스타일에 맞는 집을 꿈꾼다. 그러나 그건 어디까지나 희망사항일 뿐 인구의 절반 이상이 아파트에 살고 있는 우리의 현실에서 내 마음에 꼭 드는 맞춤복과 같은 공간을 찾기란 어려운 일이다. 인테리어로 변화를 꾀하지만 이미 주어져 있는 평면에서의 변화는 한계로 다가온다. 마음 속에 담아두었던 나만의 '드림 하우스'를 만드는 일이 녹록지 않다. 그러다 보니 좀 더 적극적인 방법으로 나만의 공간을 구축하려는 사람들이 늘고 있다. 집을 재산 증식의 수단으로만 여기지 않고 삶을 담아내는 공간으로써 집을 가치를 생각하고 '살고 싶은 집'을 지으려는 사람들이 생겨나고 있는 것이다.

그러나 집을 짓겠다 결심한 순간 막막함을 느낀다. '어떻게 집을 지어야 할까?', '누구에게 내 집 설계를 맡겨야 할까?' 과거에 비해 건축가들과 그들의 프로젝트를 찾아볼 수 있는 방법은 다양해졌지만, 검증되지 않은 방대한 정보는 혼란만 가중시키고 오히려 선택을 어렵게 만들기도 한다. 나에게 맞는, 내가 원하는 스타일의 건축가를 찾는 것은 결코 쉬운 일이 아니다. 그런 이유로 쉽사리 건축사사무소의 문을 두드리기 어렵고, 그 문턱마저 높게 느껴지기도 한다. 결국 지인의 소개를 받아 건축주를 선택하거나 건축 박람회에서 우연히 마주친 이름모를 하우징 업체를 선택하게 되는데, 그렇다고 그들이 내가 원하는 집을 지어줄 수 있을지는 의문이다. 평생의 단 한 번뿐일 수도 있는 나와 내 가족을 위한 집이기에, 내 마음에 꼭 맞는 건축가를 만나는 것은 어쩌면 크나큰 행운일지도 모르겠다.

이 책은 건축가 4팀의 단독주택 설계 과정을 담았다. 건축가들이 설계 프로젝트를 의뢰받는 순간부터 설계에 접근하는 방법, 건축주의 요구를 반영한 결과물을 내기까지의 고민의 과정과 노력을 여실히 소개한다. 건축가 4팀은 개소한지 10년이 채 되지 않은 소위 젊은 건축가부터 25년 이상의 실무 경력을 가지고 있는 건축가까지 다양하다. 사무소마다 각각 두 개 프로젝트를 소개하는데, 프로젝트의 성격에 따라 접근하는 방식도 흥미롭지만, 경력에 따라 주어진 프로젝트와 고민의 종류도 달라 그것을 엿보는 과정도 재미있다.

건축가들의 세심한 손끝에서 완성된 주택의 설계 과정을 소개한 이 책이 집을 지으려고 결심했거나 언젠가는 집을 지으려는 계획을 갖고 있는 분들에게 조금이나마 도움이 되었으면 한다. 또한 건축가들이 설계를 진행하는 과정을 들여다봄으로써 프로젝트를 수행하는 건축가들이 집이 지어지기까지 얼마나 많은 고민을 하며 정성을 쏟고 노력을 기울이는지 미래의 건축주분들이 조금이나마 알아주시길 바란다.

_ 에디터 **권미주**

포머티브건축사사무소

+

사고의 과정은 결과물 만큼 가치를 지닌다. 단순히 조형적인 결과물의 건축이 아닌 사고의 과정에 초점을 맞춘 건축을 하고자 한다. 감각의 발현 역시 사고의 과정 중에 있다고 생각한다. 우리는 감각적이고 조형적인 건축을 충실한 사고의 과정으로 만들어 내고자 한다. 사람의 감성을 공간에 채워 넣고자 한다. 포머티브건축사사무소는 감성의 형태를 공간이라는 도구로 구축하는 역할을 한다. 사람의 마음을 움직이는 공간, 감성의 공유, 그것이 우리가 지향하는 참건축이다.

http://formativearchitects.com/

소확행을 꿈꾸는 젊은 딩크부부의 집

위치 강원도 동해시 평릉동 496-9
용도지역 제1종전용주거지역
주요용도 단독주택
대지면적 $338.50m^2$
건축면적 $73.89m^2$
연면적 $87.28m^2$
건폐율 23.60%
용적률 25.78%
규모 지상 2층, 다락
구조 경량목구조
시공사 (주)광성씨엔아이
건축주 이정수
준공 2017.4

거주자 부부
건축주의 직업 교사
특별 주문 사항 부부의 라이프 스타일을 담아낼 수 있는 작고 소박한 주택

29

— **포머티브건축사사무소라는 이름으로 두 분이 함께 사무실을 운영한지 6년이 되었다. 그동안 어떠한 경로로 주택 설계를 의뢰받았나?**

이성범(이하 이): 크게 두 가지의 경로로 프로젝트를 의뢰받아 왔다. 우리에게 주택 설계를 맡기셨던 분들이 다른 분들을 소개해 주시는 경우가 있고, 우리가 진행했던 프로젝트의 결과물을 보고 연락을 주시는 경우가 있다. 대부분의 건축사무소처럼 우리도 홈페이지를 운영한다. 다른 점이라면 홈페이지와 함께 블로그를 운영하면서 결과물 위주의 이미지만 보여주지 않고 프로젝트의 설계부터 완공까지의 과정을 재미있고 알기 쉽게 설명한다는 것이다. 클라이언트에게 친숙하게 다가서려 노력하는데, 그런 작업 스타일과 결과물을 보고 우리의 디자인 성향을 선호하시는 분들이 연락을 주시는 것 같다.

고영성(이하 고): 블로그를 보고 연락을 주시는 분들은 우리가 설계한 집에 스토리가 담겨있다고 생각하시는 것 같다. 집을 재미있게 지을 수 있을 것 같다고 이야기 한다.

이: 재구매율이 높은걸로 봐서 우리 사무실에 대한 건축주분들의 만족도가 높은게 아닐지 조심스럽게 생각해 본다.(웃음)

재구매율: 설계를 의뢰했던 분이 다시 또 다른 설계를 의뢰하거나 다른 분을 소개시켜 주는 경우를 일컫는 건축가들이 쓰는 어휘.

이 프로젝트를 시작하게 된 계기는 전자와 후자 중 어떤 것인가?

고: 후자의 경우이다.

이: 사무실에서 첫 상담을 하고 되돌아가신 건축주 부부가 불과 한 시간이 채 지나지 않아 다시 사무실로 갈테니 계약을 하자며 전화를 주셨다. 미팅에 정말 만족하신거 같다며 고소장과 즐거운 마음으로 계약을 했던 것으로 기억한다.(웃음) 첫 미팅에서 곧바로 계약이 이루어지는 경우는 드물다. 자신에게 잘 맞도록 설계를 해줄 건축가를 찾는 과정이 건축주에게 쉽지만은 않을 것이다. 하지만 이 과정은 무척이나 중요하다. 일생일대의 이벤트를 진행해줄 상대를 찾는 과정이기 때문에 절대 소홀히 할 수 없다. 가장 신중하고 면밀히 검토해야 하는 과정이다.

집을 지으려는 대지와 그 주변을 보면 건축주가 원하는 삶을 짐작해 볼 수 있을 것 같다.

이: 집이 들어설 대지를 해석하고 그 안에 건축주의 삶을 어떻게 담아낼 것인가를 고민하며 개념설계를 한다. 그것이 집을 설계하는 첫 번째 단계이다. 대부분의 경우 두어 차례 대지를 방문한 후 서서히 개념을 잡는다. 대지를 밖에서 바라보기도 하고 안에 들어가서 먼 풍광을 바라보기도 한다. 대지 주변의 여건을 파악하면서 그들이 꿈꾸는 집을 조금씩 마음으로 그려 나간다. 집에 사는 사람마다 스타일이 제각각이듯 집을 품게 될 땅도 제각각이다. 그렇기 때문에 모든 집은 애초부터 같을 수가 없다.

이 집의 대지는 바다와 하늘이 맞닿은 곳이다. 대지 정면에는 완충녹지가 있고 그 너머로는 동해가 보인다. 여느 택지개발지구처럼 대지 주변에 다양한 조형과 색깔로 치장한 건물들이 들어서 있었다. 건축주 부부는 바다를 바라보며 차를 마시는 여유와 소소한 즐거움을 꿈꿨다.

완충녹지: 공해나 재해 우려가 높은 지역으로부터 생활 지역의 환경 영향을 최소화하기 위하여 설정된 녹지.

택지개발지구: 안정적인 주택 공급을 위해 일정 구역을 지정해 택지를 조성한 곳.

—— 젊은 부부가 건축주인 것으로 알고 있다. 그들만의 직업이나 취미, 라이프 스타일에서 기인한 요구 사항이 있었나?

고: 건축주는 30대 초중반의 딩크족 부부로 강아지를 키우고 있었다. 남편과 아내는 원주와 서울에서 각각 교직 생활을 했는데, 남편의 고향인 동해로 같이 오면서 집을 짓기로 결심했다고 한다. 감각적이고 자유분방하며 각자의 생활을 존중하는 부부로, 그들만의 라이프 스타일을 담아낼 수 있는 작고 소박한 주택을 원했다.

이: 부부의 성향과 생활 방식을 고려하면서 필요한 공간들을 짜임새 있게 담아내야 했다. 캠핑을좋아하는 남편은 집에서도 캠핑을 즐기고 싶어했다. 친구들을 초대해서 함께 즐길 수 있는 공간을 원했고 이 공간을 옥외 마당과 유기적으로 연결하길 바랐다. 아내는 좋아하는 그림을 그리면서 집에서 온전히 휴식을 취하고 싶어했다. 동해를 바라보면서 부부가 커피를 마실 수 있는 공간을 원했다. 강아지들이 뛰놀 수 있는 안전한 마당이 있는 밝고 따뜻한 집을 만들어 달라는 것도 주문 중 하나였다.

—— 외부 공간에 대한 주문이 주를 이룬 것 같다. 마당이 많은 면적을 차지하는 것처럼 보인다. 건축주의 주문에 따라 어떻게 외부 공간을 계획했는가?

이: 각기 다른 성격을 갖는 3개의 마당을 계획했다. 첫 번째 마당은 집 전면에 있는 담이 없는 마당이다. 마을 사람들과 담소를 나누는 등 주변과 적극적으로 소통할 수 있는 외부 공간으로, 공적 공간public의 성격을 띤다. 두 번째 마당은 1층의 필로티piloti 공간이다. 이곳은 평상시에는 주차장으로 사용되지만 이웃이나 친구들이 방문하면 비나 햇빛을 피해 모임을 즐길 수 있는 세미퍼블릭한 공간semi-public으로 탈바꿈된다. 공적 공간과 사적 공간 사이의 공간이다. 캠핑과 파티를 즐기는 건축주를 위해 이곳에 두 개의 창고를 계획해 필요

필로티는 본래 건축물을 지지하는 기초 말뚝 또는 기둥을 가리키며, 오늘날에는 2층 이상의 건물 전체 또는 일부를 벽면 없이 기둥만으로 떠받치고 지상층을 개방시킨 구조의 건축물이나 그러한 공법을 통칭한다. 주차에 전용되는 경우 필로티는 바닥면적에 산입하지 않는다.

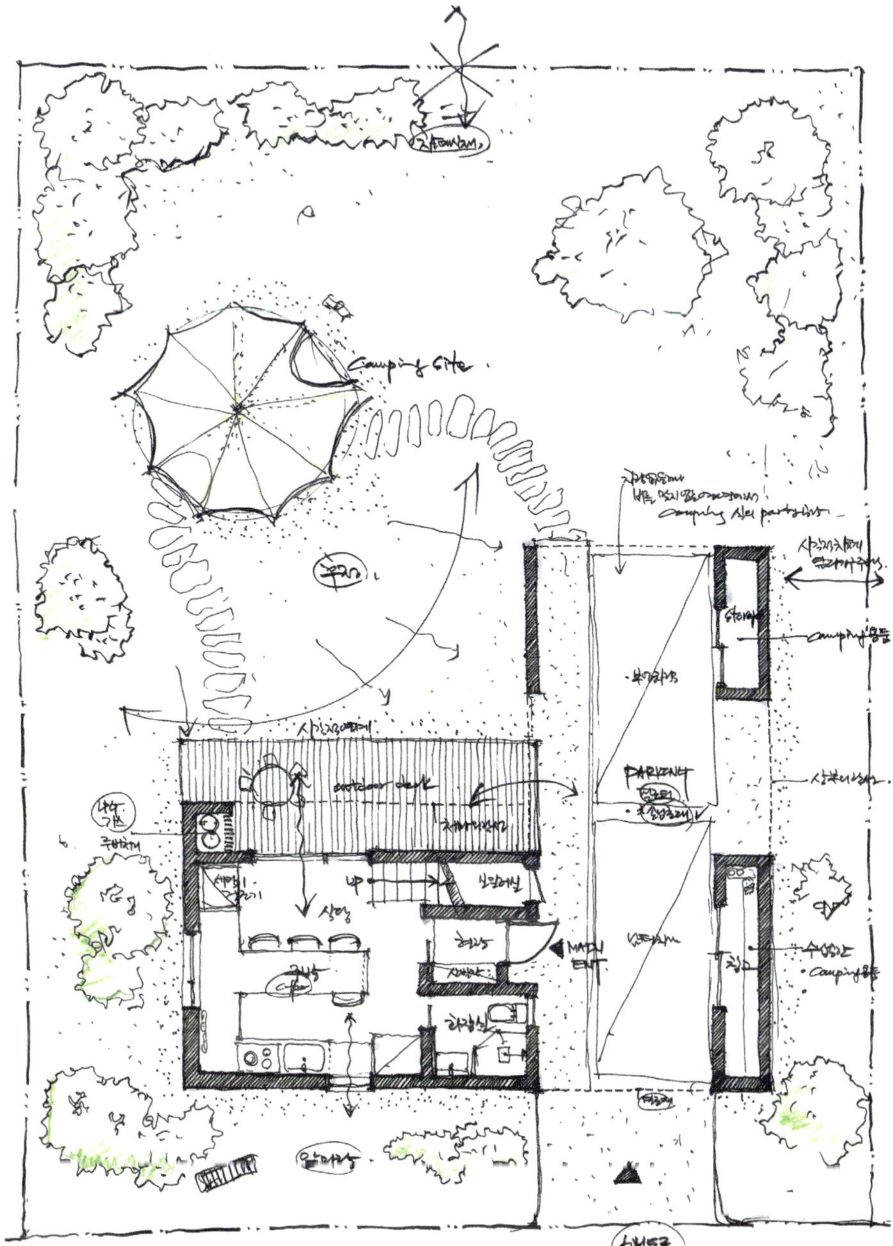
Camping site
outdoor deck
PARKING
MAIN ENT
UP
storage
식당
앞마당

평면 스케치

1. 옥외 데크
2. 주방
3. 보일러실
4. 욕실
5. 주차장
6. 창고
7. 침실
8. 드레스룸
9. 거실
10. 다락

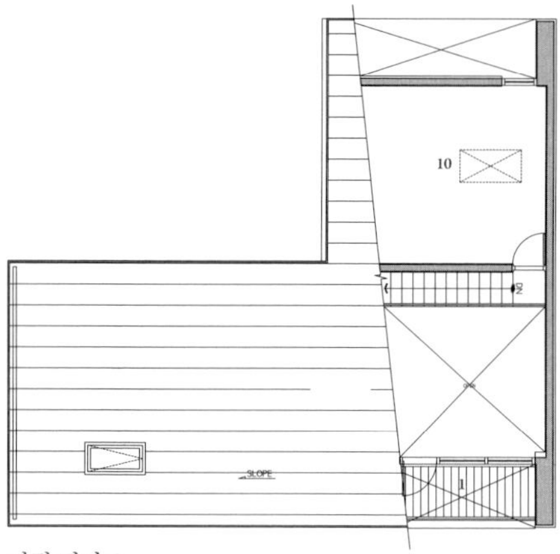

다락 평면도

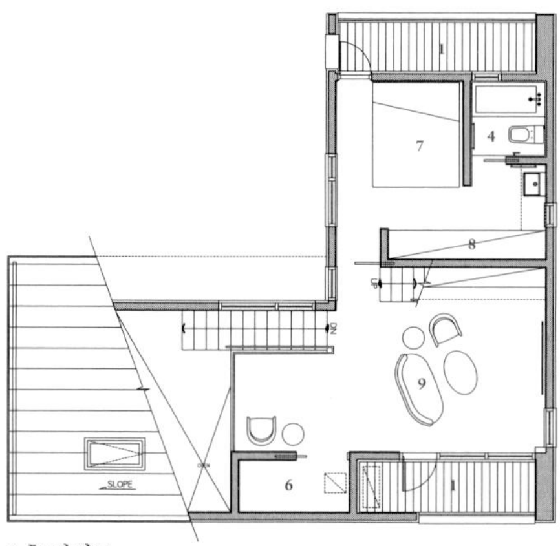

2층 평면도

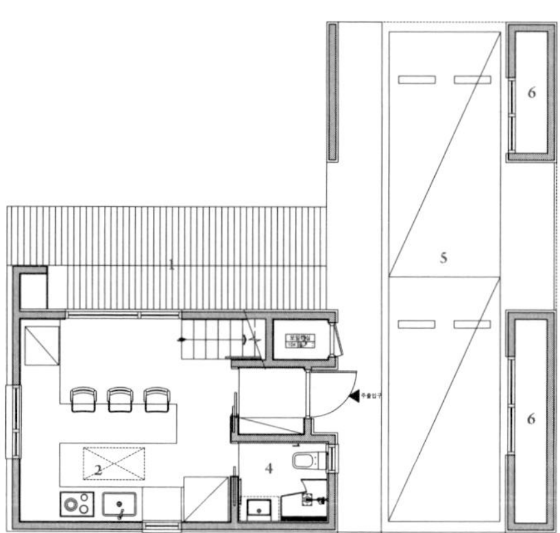

1층 평면도

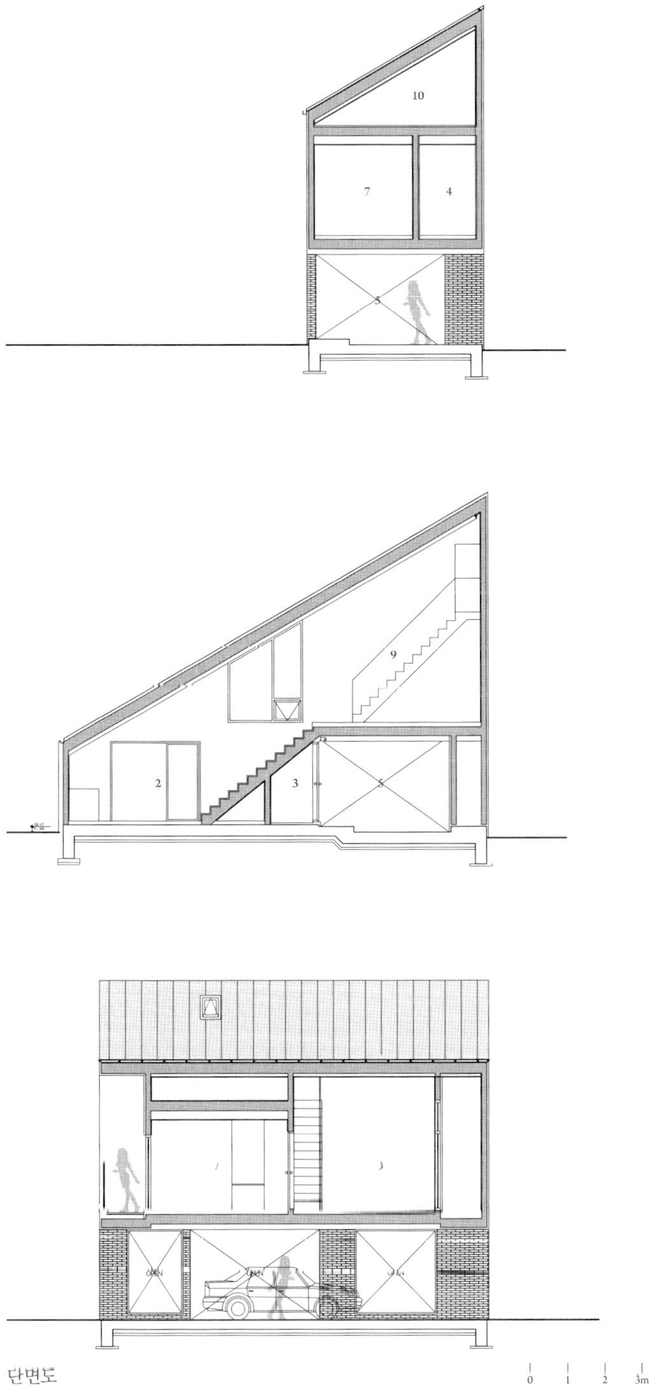

단면도

한 장비와 용품들을 보관할 수 있게 했다. 세 번째 마당은 집 뒤편에 있는 마당이다. 이 마당은 전면도로에서 잘 보이지 않는 가장 사적인 공간private으로, 1층 주방과 연결된다. 손님을 초대하기 좋아하는 남편과 요리를 좋아하는 부인을 위한 곳이다. 손님이 오면 부부는 주방과 마당을 오가며 요리를 하고 같이 먹고 마시며 즐길 수 있다. 이곳은 반려견을 위한 공간이기도 하다. 날이 추워지면 건축주는 여기에 텐트를 치고 난로를 설치해 강아지와 같이 생활을 하기도 한다.

── 외부 공간에 할애한 면적에 비해 집 내부의 면적은 작은 것 같다. 내부 공간은 어떻게 구성했나?

이: 미니멀 라이프를 추구하는 부부는 큰 집을 필요로 하지 않았다. 주어진 건축비도 한정적이었기 때문에 필요한 공간만으로 내부를 컴팩트하게 구성했다. 덕분에 넓은 마당을 확보할 수 있었다.

내부를 설계할 때는 20평 초반의 공간이 자칫 좁고 답답하게 느껴지지 않을까 고민했다. 공간이 넓어 보이면서 개방적인 느낌이 들도록 스킵 플로어skip floor 구조로 설계했다. 또한 침실을 제외하고는 문으로 공간을 구획하지 않고 원룸 타입으로 계획했다. 덕분에 1층 주방과 2층 거실을 상황에 따라 분리할 수도 있고, 하나의 공간으로 사용할 수도 있다. 다락은 아내의 취미 생활을 위한 공간이다. 부부 간의 프라이버시를 확보하면서도 공용 공간의 활용성을 높일 수 있게 했다.

건물 각 층의 바닥 높이를 일반적인 건물과 같이 1층의 높이만큼씩 높이지 않고, 층과 층 사이의 계단참 높이에 하나의 층을 더 만들어 공간을 설계하는 방식.

고: 외부 공간에 대한 앞선 주문들 외에는 방 개수 등 공간에 제약을 받지 않고 비교적 자유롭게 계획할 수 있었다. 우리의 제안을 건축주가 잘 수긍해주어 디자인을 풀어가는 과정이 수월했다.

단면 다이어그램

침실을 제외하고는
문으로 공간을 구획하지
않고 원룸 타입으로
계획했다.

— 거실과 주방을 함께 배치하는 것이 일반적이지 않나. 거실과 주방의 층을 분리해 배치한 이유는 무엇인가?

이: 활동적이고 사교적인 부부의 라이프 스타일을 고스란히 반영한 공간 구조다. 이 집에서 주방은 단순한 주방이 아니다. 손님들을 집으로 초대해 음식을 함께 만들어 먹고 차를 마시며 담소를 나눌 수 있는 사랑방이기도 하다. 이 공간이 뒷마당까지 연결되어, 손님이 오면 주방과 뒷마당은 손님을 맞는 하나의 공간처럼 역할을 한다. 이러한 상황에서 일반적인 주택처럼 거실과 주방을 함께 배치하면 거실에서의 프라이버시 확보가 어려울 것이라 예상됐다. 크지 않은 공간이 협소해 보이지 않도록 하는 것도 풀어야 할 과제 중 하나였다. 결국 거실의 프라이버시를 확보하고 공간이 시각적으로 넓어보일 수 있도록 두 공간을 벽이 아닌 높이 차이로 구분하면서 주방과 거실을 층으로 분리했다.

— 집을 지을 때 가구 제작을 비롯한 인테리어 작업까지 하는 것으로 알고 있다. 이 집의 경우는 어떠했는가?

이: 우리는 집을 설계할 때 공간과 일체화된 개념의 가구를 함께 디자인한다. 때로는 그 가구가 역으로 건축적 공간을 만들기도 할 만큼 건축 공간과 가구는 별개로 생각할 수 없다. 집에 들어가는 대부분의 가구를 디자인하지만 주방의 경우 건축주가 원하는 주방 브랜드와 등급이 워낙 다양하기 때문에 보통은 기본적인 컨셉과 색감 그리고 가구 배치 등을 제안하고 그와 어울리는 주방 브랜드를 건축주에게 소개해 구체적인 계획을 진행할 수 있도록 돕는다.

거실의 프라이버시를 확보하고 공간이 시각적으로 넓어보일 수 있도록 주방과 거실을 높이 차이로 구분하면서 층으로 분리했다.

고: 근래 진행한 대부분의 주택 프로젝트에서 주방은 매우 중요한 포지션을 차지하고 있었다. 이 프로젝트도 마찬가지였기 때문에 우리가 주방가구 전체의 컨셉을 잡고 주방업체와 직접 미팅을 했다. 주방가구의 레이아웃, 색감과 재료를 제안했다. 건축주가 원하는 공간을 최대한 구현하기 위해서는 꼭 꼼꼼히 짚고 가야하는 중요한 부분임에 틀림없다.

— 찌르듯이 솟아오른 경사 지붕이 인상적이다. 앞서 얘기한 내부 공간이 시각적으로 넓어보일 수 있도록 고려한 형태인 것인가?

이: 형태를 보고 단순하게 감각적인 조형성만 추구하는 것으로 오해할 수도 있을 것이다. 처음부터 사선으로 된 형태와 공간을 의도한 것은 아니다. 대지 주변 환경과 긴밀한 호응이 가능한 형태와 공간 구조를 만드는 것을 가장 중요하게 생각했다. 그 과정에서 자연스레 도출된 형태다. 스킵 플로어 구조로 컴팩트하게 내부를 구성했기 때문에 평지붕으로 만들 경우 자칫 공간이 답답하고 좁게 느껴질 우려가 있었다. 그래서 1층에서 다락까지 연장되어 있는 지붕에 경사를 주어 점차 층고가 높아지게 만들었다. 또한 경사가 끝나는 부분에 동해를 바라볼 수 있는 2개층 높이의 창을 내어 공간이 더욱 확장되어 보일 수 있게 했다. 경사 지붕의 각도 또한 철저하게 계산한 것이다. 에너지 효율을 높일 수 있는 태양의 남중고도를 계산해 지붕의 각도를 맞추고 그 위에 태양광 패널을 설치했다. 이렇듯 경사 지붕은 단순한 조형성만이 아닌 집의 컨셉과 내부 공간, 환경적인 측면까지 모두 고려한 결과물이다.

고: 독특한 형태의 입면 때문인지 이 집의 조형성에 많이 관심을 갖는 것 같다. 종종 이 집과 같은 형태로 집을 설계해 줄 수 있냐는 문의를 받곤 한다. 건축물을 설계할 때 단순히 조형적인 측면에서만 접근하지 않고 대지와의 관계성을 고려하기 때문에 정중히 곤란하다 말씀을 드린다.

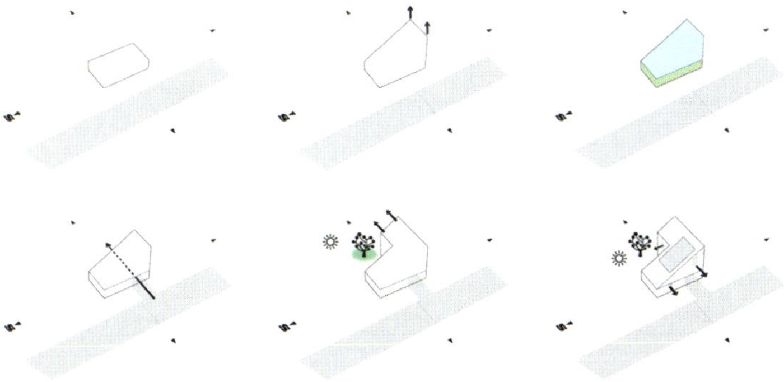

경사 지붕 다이어그램

지면과 닿는 1층은 차분하고 육중한 느낌이 들도록 전벽돌 타일로 마감했다. 2층과 다락방 부분은 삼각형의 조형이 상징적으로 표현될 수 있도록 백색으로 마감했다.

친구들과 손님을 맞는 사랑방, 다같이 음식을 만들어 먹을 수 있는 식당, 부부가 오붓하게 마주앉아 커피 한 잔을 즐길 수 있는 카페, 마당에서 뛰노는 강아지를 바라보며 햇빛을 즐길 수 있는 쉼터가 바로 이 집의 주방이다.

— 1층과 2층의 외부를 색과 질감이 다른 재료로 마감한 이유는 무엇인가?

이: 건물 전체를 한 가지 톤의 재료로 마감하면 거대한 매스mass처럼 보일뿐 아니라 조형성이 저해될 수 있다. 입면의 요소를 최소화해서 간결해 보이되, 비례를 나눠서 인상적인 건물을 만들고자 했다. 그 과정에서 성격이 다른 1층과 2층의 프로그램이 자연스럽게 외부에 드러났다.

공간을 차지하는 솔리드solid한 존재 또는 실체로서의 존재감을 나타내기 위한 기본 요소.

고: 지면과 닿는 1층은 차분하고 육중한 느낌이 들도록 전벽돌 타일로 마감했다. 2층과 다락방 부분은 삼각형의 조형이 상징적으로 표현될 수 있도록 백색으로 마감했다. 단순해 보이는 입면이지만 건물을 바라보는 위치와 방향에 따라 색다른 모습을 발견할 수 있다.

손쉽게 구할 수 있는 흙을 재료로 하여 높은 온도로 구워 만든 건축부재이다. 내구력이 강하고 방화성이나 방한성이 뛰어나 여러가지 경제적인 이점과 편리함을 갖추고 있다.

— 집을 짓는 과정에서 건축주를 이해시키기 위해 특별히 노력했던 부분이 있는가?

고: 부부는 비를 피할 수 있는 외부 공간을 원했다. 특히 차를 좋아하는 남편을 위해 비를 맞지 않고 차를 세워둘 수 있는 공간이 필요했다. 면적의 한계 때문에 집 내부에는 차고를 만들 수 없어서 고

민 끝에 필로티 구조로 주차 공간을 만들기로 했다. 문제는 공사비였다. 건축주는 벽이 없는 필로티 구조에서는 공사비가 거의 들지 않을 것이라고 생각했다. 그러나 벽만 없을뿐 기둥과 천정이 있기 때문에 벽으로 마감하는 공사와 비교했을 때 최소 60~70% 정도의 비용이 든다. 건축주를 이해시키기 위해 이 부분을 열심히 설명했다.

이: 넓지 않은 면적 안에 많은 것을 넣기 원하는 건축주의 요구를 수용하는 과정이 순탄치는 않았다. 이럴 경우 한 공간을 한 가지의 기능으로 채우기보다는 다양한 행위들이 유연하게 이루어질 수 있는 복합 공간을 제안한다. 이 집의 경우는 주방이 그랬다. 친구들과 손님을 맞는 사랑방, 다같이 음식을 만들어 먹을 수 있는 식당, 부부가 오붓하게 마주앉아 커피 한 잔을 즐길 수 있는 카페, 마당에서 뛰노는 강아지를 바라보며 햇빛을 즐길 수 있는 쉼터가 바로 이 집의 주방이다.

건축비가 여유있는 프로젝트는 아니었다고 들었다. 집을 짓는 데 얼마의 비용이 들었고, 비용 절감을 위해 어떤 노력을 기울였는가?

이: 2억 원 정도의 공사비가 들었다(2018년 기준). 어떤 분들은 그 비용으로 어떻게 이런 집을 짓는 것이 가능했는지 의문을 가질 수도 있을 것이다. 매일같이 현장을 쫓아다니고 발품을 파는 노력으로 불가능할 것 같았던 일을 가능하게 만들었다. 공사비가 여유로운 프로젝트를 하는 건축가들에게도 어려움이 있겠지만, 빠듯한 예산 안에서 좋은 퀄리티를 내기 위해 뛰는 건축가들에게는 또 다른 차원의 어려움이 있다. 그에 따라 수반되는 노력을 알아주었으면 한다.

비용 절감을 위해 처음 고민했던 부분은 건물의 재료였다. 목조 주택과 콘크리트 주택 사이에서 고민했는데, 두 경우 공사비는 비슷하지만 목조 주택의 공사 기간이 조금 더 짧았다. 결국 공사비를 조금이나마 줄일 수 있는 가능성이 있는 목조 주택으로 결정했다. 흔히 목조 주택은 콘크리트 주택보다 저렴하게 지을 수 있다고 생각하

집 뒤편의 마당은 전면도로에서 잘 보이지 않는 가장 사적인 공간으로, 1층 주방과 연결된다.

주택 설계는 건축주의 삶을 담아내는 공간을 설계하는 작업이다. 건축주에게는 일생일대의 한 번뿐인 이벤트일 수도 있는 만큼 설계를 진행함에 있어 건축가와 건축주 간의 공감이 가장 중요하다.

는데, 그것은 편견이다. 목조 주택의 특성(공기의 유통, 습기, 단열, 구조 등)을 제대로 이해하며 시공하면 콘크리트 주택만큼의 공사비가 든다.

고: 이 프로젝트를 진행할 당시 강릉에 목조 주택 프로젝트를 진행하고 있었다. 강릉 주택과 같은 시공사에 일을 맡기면 비용을 더 절감할 수 있었기 때문에 목조 주택을 선택한 것도 있다.

비용 대비 꽤 괜찮은 퀄리티의 집을 만들어냈다고 생각한다. 공사비를 줄일 수 있는 모든 방법을 동원했던 노력의 결과이다. 그래서 이렇게 비용을 공개하면 이 프로젝트와 같은 비용에 맞춰서 집을 지어달라고 연락이 올 것 같아 한편으로는 걱정도 된다.(하하)

— **공사비와 설계비는 별개라고 알고 있다. 보통 주택 프로젝트를 진행할 때 어떻게 설계비를 책정하는가?**

이: 요즘 단독주택 설계를 의뢰하는 연령층이 많이 낮아진 것 같다. 젊은층이 집을 바라보는 관점이 변하면서 나타나는 현상이 아닌가 한다. 집을 재산 증식의 대상으로 바라보기보다 가족들과 함께 꿈을 꾸는 그들만의 공간으로 생각하는 인식의 변화를 체감할 수 있다. 하지만 그것과는 별개로 저렴하고 좋은 것을 바라는 마음은 모두

가 같을 것이다. 설계비를 최대한 깎아달라고 하시는 분들도 더러 계신다. 우리는 평당 설계비의 개념으로 주택 설계비를 책정하지 않는다. 일반 주택의 경우 몇 단계로 면적별 설계비를 책정해 놓았다. 사실 주택 설계비를 책정하는 데 있어 면적은 큰 의미가 없는 것 같다. 면적이 작다고 적은 노력이 들어가고 면적이 크다고 많은 노력이 들어가는 것이 아니기 때문이다. 주택 설계는 면적으로 그 노력의 경중을 따질 수 없다고 생각한다. 규모와 상관없이 정말 많은 시간과 노력이 필요한 작업이다.

고: 기존에 활발하게 활동하고 있는 기성 건축가들부터 이제 시작하는 단계에 있는 젊은 건축가들까지 설계비는 천차만별일 것이다. 프로젝트별 여건과 상황 등 여러가지 이유로 변화폭이 큰 것이 설계비이기 때문에 정확하게 얼마로 책정한다고 말하기는 어려울 것 같다.

이: 주택 설계는 건축주의 삶을 담아내는 공간을 설계하는 작업이다. 건축주에게는 일생일대의 한 번뿐인 이벤트일 수도 있는 만큼 설계를 진행함에 있어 건축가와 건축주 간의 공감이 가장 중요하다고 생각한다. 그런 이유로 잦은 미팅을 통해 많은 이야기를 나눈다. 건축주를 만나는 횟수만큼 좋은 주택이 만들어질 수 있는 가능성이 높아진다고 해도 과언이 아닐 것이다. 그런 무수한 노력이 필요하기에 어려운 작업일 수밖에 없다. 이러한 점들을 고려해 설계비를 생각해야 하지 않을까.

— 설계를 하는 과정에서 가장 중요하게 생각하는 것은 무엇인가?

이: 건축주와의 소통이다. 처음 건축주를 만나면 본인들이 원하는 공간에 대한 이미지를 보여주는 경우가 많다. 그런 대부분의 이미지들은 그들이 공간을 어떻게 사용하고 싶은지에 대한 것들로, 공간의 성격을 구체적으로 보여주지는 않는다. 우리의 역할은 그런 이미지들을 참고하여 건축주가 원하는 공간을 새롭게 제안하는 것이

다. 그 과정에서 우리는 건축주와 이야기하는 시간을 많이 갖는다. 디자인 과정은 내가 그들이 되는 과정이다. 내가 그들이라면 어떤 공간에 살고 싶은지를 고민하는 과정이다. 그러기 위해서는 그들을 피상적으로 아는 것에서 나아가 이해해야 한다. 그들의 삶에 대해 더 많은 것을 알고 공감할수록 더 좋은 결과물을 만들 수 있다.

고: 건축주와 적극적으로 의견을 나누면서 설계 과정을 함께하다 보니 더 좋은 안이 도출되고, 건축주의 만족도 역시 높아지는 것 같다. 건축주들은 집이 구체화되는 설계 과정을 보면서 무척 즐거워하신다.

이: 건축설계는 건축가의 역할로만 절대 채울 수 없다고 생각한다. 서로를 이해하고 공감하는 건축가와 건축주가 있을 때 비로소 삶을 담아낼 수 있는 주택을 만들 수 있다. 그만큼 건축주의 능동적인 참여와 생각이 중요하다. 대화를 통해 풀어가는 과정에서 건축주가 전문가인 건축가보다 더 좋은 아이디어를 내는 경우도 더러 있고, 그런 것들이 더 좋은 결과를 도출해내기도 한다.

— **그럼에도 불구하고 건물이 지어지고 나면 설계하면서 의도했던 대로 공간이 사용되지 않는 경우도 종종 보게 된다. 이 주택은 어떠한가?**

고: 건축주와 열심히 소통한 덕분인지 몰라도 만족하면서 잘 사용하고 계신다고 부부가 감사의 인사를 전해왔다. 최근에는 건축주로부터 이 집과 비슷한 컨셉으로 그곳에 별채 하나를 더 지어달라는 의뢰를 받았다. 대지면적이 338.50m^2(102.40평)로, 집이 들어선 면적인 73.89m^2(22.35평)를 제외하더라도 여유 공간이 많아, 조경과 강아지가 뛰노는 공간으로만 마당을 채우기는 아깝다고 생각하신 것 같다. 본채를 그대로 축소한 미니어처 하우스를 만들어 정자로도 활용하고 캠핑 분위기를 느낄 수 있게 꾸미면 어떨까 함께 고민중이다. 아직은 계획만 가지고 있고 구체화되진 않았다.

이: 건축가가 공간을 디자인해 그곳에 사는 사람들로 하여금 규정된 기능으로만 사용하게 하는 것이 과연 맞는가를 고민해 왔다. 건축은 삶의 배경이 되어야지 주인공이 되어서는 안되는 것 같다. 한 가지 용도로 공간을 규정하기보다 다양한 행위가 이루어질 수 있는 융통성 있는 공간을 만드는 배려가 필요한 것 같다. 가족의 삶의 변화에 대응하는 공간에 대한 부분도 같은 맥락의 이야기이다. 매 프로젝트마다 가장 고민하는 부분 중 하나다.

마당을 품은 낮은 집

위치 강원도 강릉시 사천면 방동리 373-6
지역지구 계획관리지역
주요용도 단독주택
대지면적 710m²
건축면적 155.25m²
연면적 173.24m²(본채 지상 1층 - 108.17m²,
지상 2층 - 17.99m² / 별채 - 47.08m²)
건폐율 21.87%
용적률 22.78%
규모 지상 2층
최고높이 4.59m
주차 산정용 연면적 161.71m²
주차대수 1대
구조 목구조
준공 2018. 7

거주자 부부와 딸
건축주의 직업 전문직
특별 주문 사항 아이가 마음껏 뛰놀 수 있는 아늑하고 안전한 마당이 있는 집

— **어떠한 경로로 이 주택의 설계를 의뢰받았나?**

고: 건축주는 여행차 간 제주도에서 우리가 설계한 펜션에 묵었던 손님이다. 펜션이 마음에 들었던 그는 펜션에 문의해 우리를 찾아왔고, 그렇게 연이 닿아 그의 부모님댁을 먼저 지어드리게 됐다. 다행히 건축주는 부모님댁을 만족스러워했고, 부모님댁 옆의 땅을 구입해 자신의 집 설계도 의뢰해 왔다.

— **대지 주변 환경은 어떠했는가?**

고: 강릉이라고 하면 보통은 바다가 보이는 풍경을 생각한다. 하지만 건축주의 대지는 바다가 보이지 않는 언덕 위에 자리하고 있다. 대지 앞쪽으로는 차로 5분이 채 걸리지 않는 거리에 강릉아산병원이 있고, 뒤쪽으로는 산과 농촌마을이 있는 흔치 않은 풍경을 가진 곳이다.

이: 건축주의 부모님댁을 설계하면서 자주오던 동네였지만 이 대지에서는 또 다른 아늑함과 따스한 느낌을 받았다. 옆 대지와 레벨차가 있어서 전경을 굽어볼 수 있는 양지바른 곳으로, 뒤쪽과 우측편에는 솔밭이 있었다. 따스한 봄날, 마당에서 뛰어노는 아이를 바라보

며 엄마는 요리를 하고 아빠는 마당에서 조경을 가꾸는 모습을 상상했다.

배치된 집의 형태를 보면 경관이 좋은 주변으로 열려있지 않고 대지를 감싸도록 되어 있다. 프라이버시 확보를 고려한 배치인가?

이: 초기 배치 계획 단계에서 가장 우선시했던 것은 안쪽 마당의 프라이버시를 확보하고 그 공간을 부모님댁의 내외부 공간과 시각적 · 공간적으로 연결하는 것이었다. 거리와 바닥 레벨 차이에 의해 영역이 구분되는 두 마당이 조경 요소와 안마당의 방향성에 의해 자연스럽게 섞일 수 있도록 계획했다.

고: 아파트에 익숙한 이들이 단독주택에 사는 것을 고려하면서 가장 먼저 걱정하는 것이 안전이다. 단독주택은 마당을 가질 수 있는 장점이 있지만, 그만큼 외부의 간섭을 받을 수 있어 안전에 대한 우려를 동반한다. 건축주 역시 이러한 우려에서 자유로울 수 없었다. 무엇보다 아이가 안전하게 뛰놀 수 있는 환경을 만들어 주는 것이 중요했다. 아늑하면서 안전한 마당을 만들기 위해 오각형의 대지 형태를 따라 건물을 배치해 마당을 안전하게 둘러쌌다. 담을 치는 대신 집 자체가 담의 역할을 하도록 한 것이다. 대신 동쪽에 있는 부모님댁을 향해서만 열려 있도록 ㅁ자가 아닌 열린 ㄷ자 형태로 건물을 배치했다. 덕분에 사적인 공간을 확보하면서도 개방되어 있는 느낌을 받을 수 있다.

이: 먼 경관을 집으로 끌어들이기보다 손으로 직접 만지며 느낄 수 있는 보다 가까이에 있는 자연을 더 중요하게 생각했다. 건축주 부부도 이러한 부분에 공감했다. 중정을 포함해 아이가 뛰어놀 수 있는 모든 공간에 조경 요소를 더해 자연을 담았다. 손으로 흙을 만지고 바닥에 핀 꽃을 쓰다듬으며 자연을 친밀하게 느낄 수 있길 바랐다.

부모님댁을 향해서만 열려 있도록 ㅁ자가 아닌 열린 ㄷ자 형태로 건물을 배치했다.

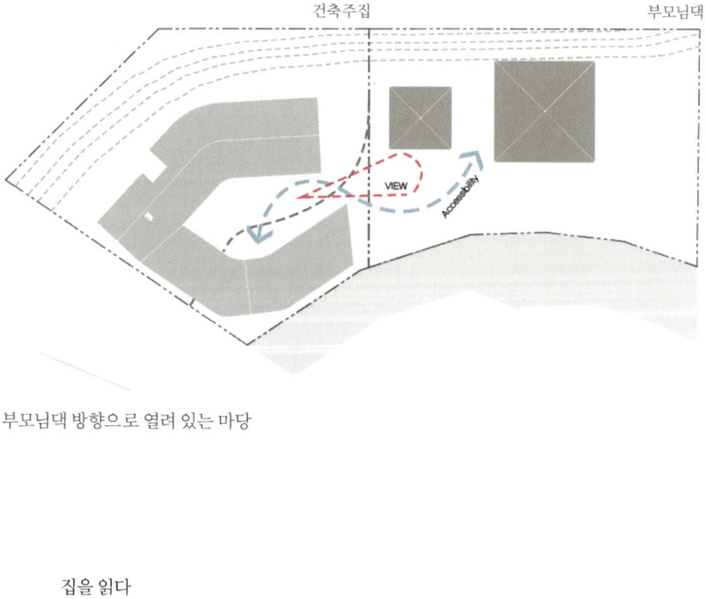

부모님댁 방향으로 열려 있는 마당

오각형의 대지 형태를 따라 건물을 배치해 마당을 안전하게 둘러쌌다.

마당에서 부모님댁을 바라본 뷰

— 가족들의 주 생활 공간인 본채와 작업실인 별채를 외부의 회랑이 연결하면서 ㄷ자 형태를 띠고 있다. 본채와 별채를 내부가 아닌 외부로 연결한 이유는 무엇인가?

고: 회랑은 별채의 툇마루와 평상의 연장선 상에 있는 행위의 공간이라고 할 수 있다. 사람들이 그 공간을 채우면 회랑은 단순한 통로 이상의 의미를 지니게 된다. 본채와 별채 사이에서 마당과는 다른 이벤트가 일어나는 공간으로 사용할 수 있고, 마당과 연동하여 사용할 수도 있다. 통로 이외의 다양한 공간으로 쓰이면서 집을 더 풍성하게 만들어 주는 요소로 작용할 수 있다. 하지만 외부 회랑이 아닌 실내로 연결하게 되면 다른 용도로 쓰이기 힘들다. 주택에서 동선은 짧아야 하고 실내 통로는 최소화되어야 하기 때문이다.

이: 제한된 면적 안에서 마당 전체를 ㄷ자 형태로 감싸는 데는 면적의 한계가 있었다. 그래서 별채와 본채를 하나의 지붕으로 엮어 건축물의 연속성을 주면서도 각기 다른 공간적인 성격을 갖는 내부 공간과 외부 공간의 요소가 유기적으로 연결될 수 있게 했다. 특히 마당과 가깝게 연결되면서도 비를 맞지 않는 회랑은 옆집과의 시각적 간섭을 없애주면서도 안전하고 포근한 외부 공간을 만들어준다. 회랑의 목조보에 자녀를 위한 그네를 매달아 놀이공간으로 사용할 수 있게 하고, 화로대도 설치해 가족끼리 고구마도 구어먹을 수 있게 했다.

— 주변의 다른 주택들에 비해 집이 대지에 낮게 앉혀져 있는 느낌이다.

고: 외부에서 바라볼 때 대지를 가득 채운 집의 볼륨은 자칫하면 주변과 어울리지 않고 위화감을 줄 수 있다. 도시주택에 비해 대지면적이 넓은데다 밀도가 낮기 때문에 주변 컨텍스트context에 대응하여 건물을 높이 쌓아올릴 필요가 없었다. 부부와 초등학생인 딸까지 세 식구인데다 컴팩트하게 공간을 구성하다 보니 필요면적이 크지 않은 것도 이유였다. 이러한 점들을 고려해 좁은 도로와 접해 있는 별채

건물 설계 시 건물이 들어갈 부지를 읽어내는 작업을 한다. 대부분의 경우 주변 환경을 고려하여 의도하는 개념에 맞게 건물을 설계하여 앉히기 때문이다. 이때 살피는 그 지역의 지형, 기후, 문화, 건축 양식 등의 주변 상황을 넓은 개념으로 컨텍스트라고 한다.

는 도로폭에 맞는 규모로 계획하고 지붕은 최대한 낮고 완만하게 만들었다. 지형의 레벨과 형태를 최대한 고려해 낮은 집을 만들었다.

이: 대지에 낮게 앉힌 집일수록 내부 공간과 외부 공간의 연결을 보다 자연스럽게 이끌어 낼 수 있다. 그만큼 마당을 적극적으로 활용할 수 있는 가능성이 크다. 건축주는 원경을 바라보는 높은 2층의 공간보다 조경이 꾸며진 낮은 마당과 내부 공간의 긴밀한 연결을 더 중요하게 생각했다.

마당 전체의 레벨이 같지 않고 부분적으로 나뉘어져 다르다.

고: 본래는 마당 전체의 레벨이 동일했다. 평지인데다 마당이 넓다 보니 외부 공간에 위계가 없었다. 보다 생동감 있고 재미있는 외부 공간을 만들기 위해 바닥이 약 0.8m의 레벨차가 나도록 계획했다. 진입부의 레벨은 낮춰서 앉아서 휴식을 취할 수 있도록 아늑하게 만들고, 회랑쪽의 레벨은 높여서 아이가 그네를 타면서 사람들이 오가는 것을 보고 뛰놀 수 있게 했다. 마주하고 있는 별채와 본채 사이에도

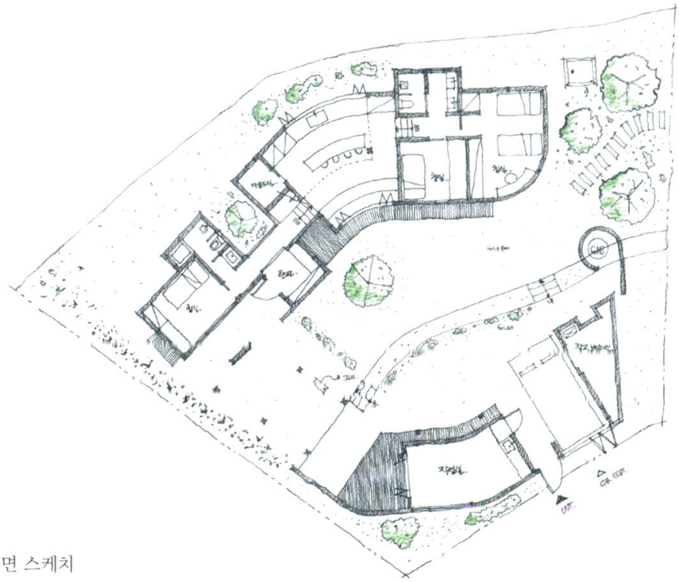

평면 스케치

비를 맞지 않는 회랑은 옆집과의 시각적 간섭을 없애주면서도 안전하고 포근한 외부 공간을 만들어 준다.

1. 현관
2. 침실
3. 욕실
4. 주방
5. 다용도실
6. 작업실
7. 주차장
8. 창고, 보일러실
9. 거실

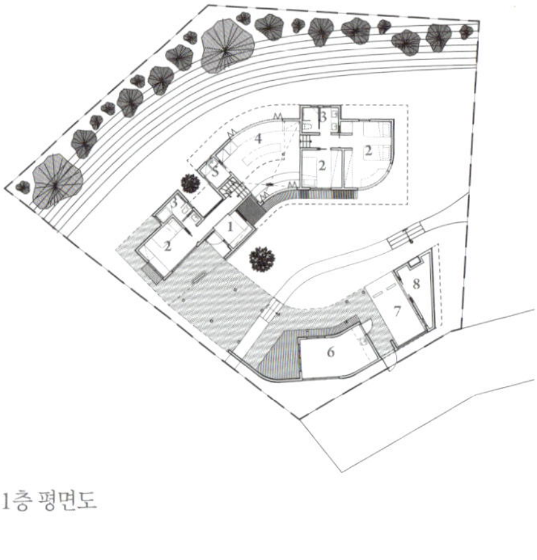

1층 평면도

2층 평면도

보다 생동감 있고 재미있는 외부 공간을 만들기 위해 바닥이 약 0.8m의 레벨차가 나도록 계획했다.

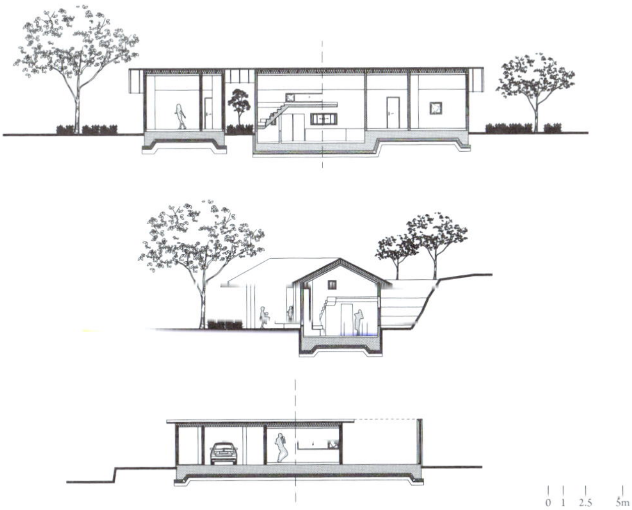

단면도

레벨 차이를 두어 위계를 만들었다. 본채와 가까운 마당쪽의 레벨을 더 높여 별채에 비해 본채로의 접근을 더 어렵게 느끼도록 만들었다.

이: 이는 중정에서 느껴질 수 있는 폐쇄적 느낌을 최소화하기 위한 방법이기도 했다. 본채 툇마루에 발을 딛고 서서 별채를 바라보면 높이 차이에 의해 처마 끝에 시선이 닿는다. 그리고 조금만 더 올려다 보면 넓고 푸른 하늘이 한눈에 들어와 개방감이 느껴진다.

—— 나무와 벽돌을 주재료로 사용했다. 재료 선택의 기준은 무엇이었나?

이: 처음부터 건축주는 목재 느낌이 많이 묻어나는 일본 주택의 사례들을 많이 보여줬다. 나무 재질의 느낌이 집 안팎에 골고루 표현 되어지길 바랐다.

고: 따뜻한 느낌의 나무와 함께 나무와 조화롭게 어울릴 수 있는 재료를 고민했다. 나무를 돋보이게 하기 위해서 나무보다 어두운 검은색 전벽돌로 마감해 차분하고 무거운 느낌을 표현하고, 일부분은 철판을 사용했다.

—— 오각형의 대지를 둘러싸며 건물을 배치하는 과정에서 곡선 부분이 생길 수밖에 없었을 것 같다. 곡선으로 이루어진 집을 목조로 시공하는 데 어려움은 없었나?

고: 그런 이유로 이 집은 중목구조와 경량목구조가 섞여 있다. 평면이 곡선인데다 개구부가 넓어 현장에서 목재를 재단하고 못을 박아 시공하는 경량목구조 방식으로는 구현에 어려움이 있었다. 그래서 중목구조와 경량목구조를 혼합해 사용했다. 중앙 곡선 구간, 다락 그리고 용마루 부분에는 온전히 중목구조를 적용했다. 중목구조로 만든 기둥과 보가 내외부에서 그대로 드러나고, 경량목구조로 만든 서까래는 외부에서 노출되어 이 집에 따뜻한 느낌을 한층 더해준다.

중목重木 구조는 무거운 목재를 재료로 하는 건축 방식이다. 건축물의 하중을 수직부재인 기둥과 수평부재인 보를 통해 기초에 전달한다. 정밀화된 공장에서 설계도서대로 목재를 가공해 현장으로 가져와 조립한다. 시공 오차가 거의 없고 경량목구조에 비해 공정 기간이 2~3배 정도 짧다. 천장 높이, 창문 크기, 현관, 지붕 등을 제약없이 만들 수 있다.

경량목輕量木 구조는 중목구조에 비해 가벼운 목재를 사용한다. 경량목구조는 기둥과 보가 없다. 대신 벽체에 사잇기둥을 설치하여 하중을 기초에 전달한다. 건축물의 구조 자체를 경량화 할 수 있어서 보다 자유로운 디자인이 가능하고, 가볍고 일정하게 재단된 목재를 사용하여 시공절차가 단순하고 비용이 절감된다. 하지만 현장에서 일일이 각재에 못을 박아 시공하기 때문에 공사 소요 시간이 길다.

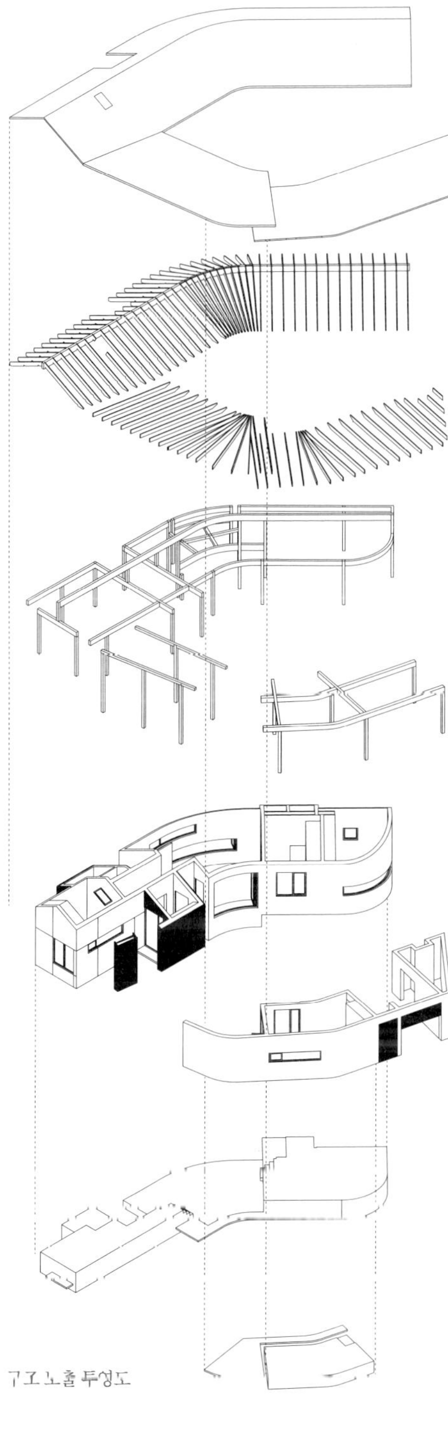

구조노출 투영도

본채와 가까운 마당쪽의 레벨을 더 높여 별채에 비해 본채로의 접근을 더 어렵게 느끼도록 만들었다.

— 대개는 거실을 집의 중심에 두는데, 이 집은 거실이 2층에 있고 주방이 1층에 위치한다. 주방이 이 집의 구심점인가?

이: 주방은 본채의 중앙에 위치하면서 집 내외부의 모든 공간과 긴밀하게 연결된다. 주방에서 집 내부는 물론이고 마당에서 노는 아이도 지켜볼 수 있다. 별채에서 어떤 행위가 일어나는지도 알 수 있다. 그만큼 이 집에서 주방이 차지하는 비중은 매우 크다.

고: 건축주는 거실에 대한 특별한 애착이나 집착이 없었다. 주방과 거실을 복층 구조로 만들고 주방을 1층에, 층고가 낮은 2층에 거실을 배치했다. 또한 다락 형태의 2층을 좋아하는 아이를 위해 거실을 아이를 위한 공간으로 만들었다. 대신 1층과 2층에서 자유로운 의사소통이 가능하게 했다.

건축주는 주방을 매우 중요하게 생각했다. 단순히 요리를 하고 식사를 하는 공간에서 나아가 가족이 함께 어울릴 수 있는 공간으로 만들고 싶어했다. 부부와 아이가 함께 책을 읽고 공부를 하는 등 모든 놀이가 주방에서 이루어지길 바랐다. 손님도 접대하는 등 주방을 거실의 역할을 하는 복합적인 커뮤니티 공간으로 만들려고 했다. 이를 위해 마당에서 주방으로 자연스레 진입할 수 있도록 선큰sunken 키친으로 만들고, 스탠드 형식의 계단을 설치했다. 주방에서 폴딩 도어folding door를 열면 툇마루가 연결되고 곧바로 마당이 펼쳐진다. 아이는 마당에서 놀다가 툇마루에 앉아 쉬거나 눕기도 하고, 그곳에서 신발을 벗어놓고 주방으로 들어가기도 한다. 이런 이유 때문인지는 몰라도 아이는 TV를 보는 것보다 마당에서 노는 것을 더 좋아한다.

선큰은 '움푹 들어간, 가라앉은'의 뜻으로 지하에 자연광을 유도하기 위해 대지를 파내고 조성한 곳을 말한다. 이 방법에 의한 거실을 선큰 리빙룸, 정원은 선큰 가든이라고 한다.

폴딩 도어는 접문으로, 아코디언 주름과 같이 겹쳐서 여닫게 하는 문을 말한다.

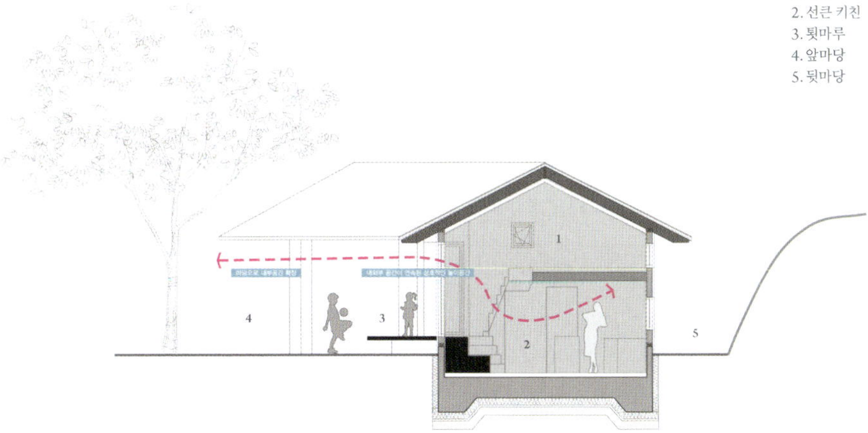

1. 거실
2. 선큰 키친
3. 툇마루
4. 앞마당
5. 뒷마당

주방에서 폴딩 도어를 열면 툇마루가 연결되고 곧바로 마당이 펼쳐진다.

주방을 곡면 형태로 만들어 마당 곳곳을 한눈에 바라볼 수 있게 했다.

— 아이들은 하루가 다르게 커간다. 현재의 조건에만 초점을 맞추어 설계를 한다면 5년만 지나도 그 집은 가족에게 불편한 공간이 될 수도 있을 것이다. 그런 부분을 고려하여 계획한 부분이 있는가?

고: 건축주는 십년 정도 이 집에 살고 서울에 올 계획을 갖고 있다. 그런 전제가 있었기 때문에 공간 구성에 있어서 좀 더 자유로울 수 있었다. 그렇다고 집의 기능에 충실하지 않은 것은 아니다. 10년, 20년이 지나도 아이와 부모가 사용하는데 불편함이 없도록 계획했다. 만약 아이가 자라서 독립된 공간을 원하면 본채의 게스트룸을 아이의 공간으로 사용할 수 있다.

— 건축주의 취향을 반영해서인지 집 전체에 나무 느낌이 많이 묻어난다. 목재 구조를 그대로 드러내거나 목재 가구를 제작해 넣은 것을 곳곳에서 볼 수 있다. 인테리어 작업에 대한 건축주의 특별한 요청이 있었나?

고: 건축주는 간결한 느낌의 내부 공간을 원했다. 그래서 색다른 것을 덧붙이기 보다는 특별한 인테리어 없이도 공간이 간결하면서도 풍성해 보일 수 있는 방법을 고민했다. 주방 위의 다락형 거실의 경우 아랫쪽 목기둥과 보를 그대로 노출시켜 구조미를 살리고자 했다. 곡선의 공간에서 수평, 수직으로 오가는 선들만으로도 공간을 더 풍성하게 만들 수 있다고 생각했기 때문이다. 차분하고 따뜻한 느낌을 살릴 수 있도록 천장은 목재로 마감했다.

이: 수납에도 신경을 썼다. 마당과 주방을 연결시켜주는 스탠드 형식의 계단을 수납장으로도 사용할 수 있도록 제작했고, 거실에도 수납이 수월하도록 하단부에 장을 만들어 넣었다. 게스트룸도 벽의 마감을 두껍게 해서 모든 가구를 붙박이장으로 만들었다.

마당과 주방을 연결시켜주는 스탠드 형식의 계단을 수납장으로도 사용할 수 있도록 제작했다.

— 주방이 중요한 포지션을 차지하는데다 곡선의 형태를 띠고 있어 가구 제작에 더 많은 공을 들였을 것 같다.

고: 그렇다. 이 프로젝트를 진행하면서 가장 까다로웠던 부분이 주방에 들어가는 가구를 제작하는 것이었다. 주방 평면이 곡선으로 이루어져 있어 주방 가구 제작이 까다로웠다.

— 그런 어려움에도 불구하고 곡선으로 계획한 이유가 있는가?

이: 곡선으로 공간을 계획할 경우 공간의 효율이나 가구 배치 등에 더 많은 고민이 생길 수밖에 없다. 그럼에도 불구하고 이 주택의 가장 중심적인 공간인 주방이 곡면의 형태를 띠면서 마당을 품길 바랐다. 곡면 형태의 공간을 만들면서 주방에서 마당 곳곳을 한눈에 바라볼 수 있게 되었다. 자연스레 주방 가구도 곡면 형태가 되어 직선의 가구보다 제작에 더 많은 비용이 들었다. 건축주가 이 집의 공간 개념에서 주방의 형태와 중요성을 충분히 동감하셨기 때문에 가능했다.

— 집을 짓다보면 에피소드가 많이 생기는 것 같다. 이 집을 지으면서 기억에 남았던 일이 있다면?

고: 부모님댁을 의뢰하기 위해 처음 건축주가 우리를 만나러 오셨을 때 이소장과 건축주가 같이 우는 웃지 못할 일이 있었다. 부모님댁 의뢰이다 보니 부모님에 대한 이야기를 나눴는데, 그 과정에서 일어난 일이었다.

이: 건축주의 상황을 잘 이해하기 위해 항상 이야기를 많이 나누는데, 그러다 보니 그 마음을 더 이해하게 됐던 것 같다. 그렇게 공감을 하다 보면 그들의 입장에서 한 번 더 생각하고 설계에 임하게 된다.

설계비는 삶을 더욱 풍성하게 해주는 역할을 하는 데 대한 가치의 비용이라고 생각한다. 몇 달을 고민하고 나에게 맞추어 그려낸 삶의 바탕과 고민 없이 그려낸 삶의 바탕은 다를 수밖에 없다.

— **설계를 의뢰받고 프로젝트에 착수해 공사를 완료하기까지 보통 얼마의 기간이 걸리나?**

이: 설계 계약이 시작되는 시점부터 모든 작업이 시작된다. 보통 단독주택의 경우 건축설계에는 4개월 정도의 시간이 소요되는데, 그 과정에서 수많은 미팅과 디자인 디벨롭이 이루어진다. 허가 과정도 함께 진행된다. 주택의 규모에 따라 시공 기간에 차이가 있지만 착공 이후 통상 5~6개월 정도의 시간이 소요된다. 주택이 지어지는 지역이나 기후 여건 등에 따라 그 기간이 줄어들 수도 늘어날 수도 있다. 건축설계와 허가 과정 그리고 시공 과정을 모두 포함하면 최소 9~10개월의 시간이 소요된다고 보면 된다. 설계를 의뢰할 때 입주 시기 등을 면밀히 검토해서 설계를 의뢰해야 한다. 만약 전체적인 스케줄에 대한 감이 없다면 전문가인 건축가에게 문의를 하는 것도 좋겠다. 우리에게 오시면 친절하게 상담해 드리겠다.(하하)

— **모두가 적은 돈으로 좋은 퀄리티의 주택을 짓고 싶어한다. 하지만 설계비와 퀄리티는 분리해서 생각할 수 없다고 생각한다.**

고: 프로젝트를 시작하기 전에는 설계비가 높다는 말을 듣기도 한다. 그렇지만 프로젝트가 끝나고 나면 건축주들이 설계비에 대해 납득을 한다. 집을 짓는 과정을 보고 나면 설계비에 대해 이해를 하

게 된다. 하지만 집이 지어지기까지 전반적인 과정과 그 과정 안에서 건축가의 역할을 알기 전에는 설계비가 아닌 시공비에만 돈을 더 투자하려 한다.

이: 단독주택의 설계 기간을 4개월 정도라고 말씀드리지만 사실 우리는 시공 기간도 설계 기간의 일부로 생각한다. 시공 기간 동안 거의 매일 현장 지원을 하며 변경되는 부분에 대해 설계적 대응을 하기 때문이다. 디자인 감리라는 명목으로 현장과 긴밀하게 대화하면서 좋은 결과물을 끌어낼 수 있도록 항상 노력한다. 시공이 끝날 때까지 책임감을 갖고 끝까지 좋은 퀄리티의 집을 만들어 내려 노력하기 때문에 그 노력에 상응하는 대가를 받아야 한다고 생각한다.

감리: 건축 공사에 필요한 도면 및 시방 등의 설계 도서를 작성하고, 그 공사가 설계 도서대로 이루어져 있는지를 확인하는 작업. 넓은 뜻으로는 건축 기획에 대한 협력 및 계획 자료의 작성, 공사 계약에 관한 협력, 시공 중의 지도, 감독 작업도 포함된다.

고: 설계비는 단순히 설계 도면을 그리는 비용이 아니다. 건축가는 건축주의 집을 설계함으로써 그의 삶에 많은 부분에 관여하게 된다. 그래서 설계비는 삶을 더욱 풍성하게 해주는 역할을 하는 데 대한 가치의 비용이라고 생각한다. 기성복과 맞춤복을 입는 정도의 문제가 아니다. 10년이 될 수도 있고 20년이 될 수도 있는 자신의 삶을 누군가가 만들어 놓은 평면에 맞춰 살아간다는 것이 얼마나 불행한 일인가. 몇 달을 고민하고 나에게 맞추어 그려낸 삶의 바탕과 고민 없이 그려낸 삶의 바탕은 다를 수밖에 없다. 설계비의 가치를 삶에 맞춰놓고 생각한다면 충분히 납득할 것이라고 생각한다.

근래 프로젝트가 많아 바쁘신 것 같다. 설계를 할 때 두 분이 어떤 식으로 같이 작업을 하시는지 궁금하다.

이: 초기 컨셉 단계에서는 모든 직원이 프로젝트에 참여한다. 각각 아이디어를 제안하고 그중 좋은 안을 채택한다. 이후 설계를 구체화하는 과정에서 둘이 담당을 정한다. 건축주의 스타일이나 선호에 따라 프로젝트 담당이 초기부터 정해지기도 한다. 하지만 감리는 매번 같이 본다. 시간 소요가 큼에도 불구하고 같이 감리를 다니는 이유는 같이 보면 더 많은 것을 볼 수 있기 때문이다. 현장에서 계획

과 상이한 부분이나 문제가 생길 수 있는 부분을 꼼꼼히 파악해 조치를 취한다. 역할은 분담하지만 최종 퀄리티를 위해 작업 과정에서 많은 이야기를 하면서 서로의 설계 과정에도 관여한다. 때로는 이견이 있기도 하지만 종국에 좋은 디자인은 하나의 방향으로 귀결되더라. 퀄리티 유지를 위해서는 몸이 고생하는 수밖에 없는 것 같다.

—— **주택 프로젝트가 가장 까다롭고 어렵다고들 하는데 주택 작업이 많으신 것 같다.**

이: 펜션과 함께 주택 프로젝트 의뢰가 가장 많이 들어온다. 사람과 체온을 좀 더 가깝게 나눌 수 있는 공간을 설계하는 작업인만큼 고민이 많을 수밖에 없다. 더 면밀하고 세밀한 작업을 요하는게 사실이다. 남들은 모르는 치열함 속에 번뇌랄까.(하하) 내 집 짓듯 하려다 보니 스트레스를 받기도 한다. 그래서 항상 어려운게 주택 프로젝트인 것 같다. 하지만 건축주와 긴밀하게 대화하면서 설계를 구체화하는 작업이 즐겁고 보람도 크다.

고: 어떤 프로젝트이든 쉬운 것은 없다. 프로젝트의 성격과 규모와 상관없이 건축주와 소통이 원활하면 진행이 수월하고 그렇지 않으면 힘든 것 같다. 다행히 이 프로젝트도 건축주와 합이 잘 맞아 재미있게 진행할 수 있었다.

—— **앞으로의 포부가 있다면?**

고: 아주 어려운 질문인데, 포부라기보다는 가고자 하는 방향이라고 이야기하고 싶다. 보통 건축가들은 자신의 작업을 정리하는 과정에서 한 가지 주제를 찾고 싶어한다. 그렇게 해야 좋은 건축가라고 생각하는 것 같다. 우리는 우리에게 자유가 허락되는 상황에서는 나름의 건축적인 주제로 움직이지만, 건축주의 요구에도 적극적으

로 대응할 수 있는 유연한 건축가가 되고 싶다. 지금까지 그래왔듯 상호 작용이 필요한 작업들은 그에 맞는 형태와 공간을 구현하고, 그렇지 않은 작업들은 우리 내면에서 추구하는 조형이나 공간으로 만들고자 한다. 이것이 우리 작업의 다양성을 더 극대화시킬 수 있는 방법이자 우리가 앞으로 나아가야 할 방향이라고 생각한다.

이: 건물 안에서 사는 우리에게 건축은 가장 쉽고 가까운 것이어야만 한다. 일반인들도 쉽게 접근이 가능한 영역이어야 하고 즐거운 일이어야 한다. 현학적 어휘로 치장한 어려운 건축보다는 누구나 이야기하고 나눌 수 있는 쉬운 건축을 하고 싶다. 우리의 건축적인 생각들을 사람들이 이해하기 쉽게 표현하고 구축하고자 한다. 그 건축물들이 많은 사람들의 격정적인 공감과 환영을 받길 바란다.

건축사사무소 공유

+

공간(空) : 놀다(遊)

태어나 뒤집고 기면서부터 공간놀이가 시작된다.
평면적인 공간이 직립하여 서게 되면서부터
입체적으로 바뀐다. 사람들은 보고, 배우고, 느끼면서
공간에 어떠한 의미들을 부여하기도 한다. 어쩌면
건축은 본질적이면서도 추상적인 속성을 지닌 인간
그 자체이다. 말로는 다 표현할 수 없지만 우리 몸과
마음으로 느껴지는 좋은 건축 공간을 만들고자 한다.

http://gyarch.com

이화동 시간의 집

대지위치 서울특별시 종로구 동숭4길 42(구지번: 이화동 5-5)

지역지구 제2종일반주거지역, 지구단위계획구역(대학로지구단위계획구역),
중점경관관리구역, 문화지구, 문화재보존영향검토대상구역

용도 단독주택, 제2종근린생활시설(사무소)

대지면적 186.505m²(공부상면적: 192.9m²)

건축면적 110.06m²

연면적 320.64m²(용적률 산정용: 200.71m²)

규모/층수 지하1층, 지상2층

구조 철근콘크리트구조, 철골구조

최고높이 9m

외부마감 현무암 혹두기, 컬러 강판, 투명 로이복층유리

설계 건축사사무소 공유 + 이현재

설계 참여자 김성우

인테리어 건축사사무소 공유

시공 (주)영우디자인

건축주 (주)다산티알디

준공 최초 - 1981. 12. 4, 리모델링 - 2018. 12. 24

사진 이남선

거주자 부부와 두 자녀

건축주의 직업 사업가

특별 주문 사항 회사의 사옥과 집을 겸할 수 있는 주택

DASAN TRADING CO. ,LTD.
19-2
이화장1길
Ihwajang 1-gil

19-2
이화장1길

— 보통 어떠한 경로로 프로젝트를 의뢰받나?

대개 주변의 소개를 받는다. 최근에는 건축주의 연령대가 낮아지면서 인터넷 검색을 통해 관할 지역의 설계사무소를 찾은 후 연락해 오시기도 한다. 이 프로젝트의 건축주는 대지와 건물을 구입한 후 지인 소개로 상담을 오셨다.

— 건축주의 직업, 성격 혹은 취미에 따라 구현해 내야 하는 집의 형태도 천차만별일 것 같다. 건축주의 요청은 무엇이었나?

건축주는 원단 회사를 운영하는 분이다. 회사의 사옥과 집을 겸할 수 있는 곳을 찾다가 현재의 부지와 건물을 구입했다. 주택으로써의 필수적인 공간과 업무에 필요한 사무실과 응접실, 물류 창고가 있어야 했다. 필요한 실들을 구성해 달라는 것 외에는 진행되는 설계안을 보면서 이해하시고 의견을 주셨다. 공간과 디자인에 대해서는 전적으로 믿고 맡겨 주셨다.

— **1981년에 지어져 프로젝트를 맡을 당시 37년된 집이었다. 40년이면 아파트도 재건축을 하는데 이 집은 신축이 아닌 리모델링 및 증축을 했다.**

신축을 하면 주변 건물들처럼 층수를 높여 지금보다 큰 규모로 지을 수 있었다. 분양이나 임대가 목적이었다면 전부 허물고 5층 건물로 올렸을 지도 모른다. 오래된 주택의 리모델링은 건물을 개조해 카페나 사무실로 만드는 작업과는 다르다. 어렵고 까다롭다. 그럼에도 리모델링 및 증축으로 방향을 잡았다. 증축만으로도 필요한 공간을 확보할 수 있었고, 신축에 비해 많은 건축비를 한 번에 지출하는 부담이 적었기 때문이다. 이전 집주인이 1981년 이 집을 손수 짓고 건축주에게 매매하기 전까지 줄곧 거주해 왔는데, 이 집에 대한 그분의 애착도 건축주가 건물을 보존하기로 결정하는 데 한몫을 했다.

리모델링 및 증축 전의 기존 집의 모습

신축을 할 경우 법적인 제약도 고려해야 했다고 들었다. 구체적으로 어떤 제약이 있었나?

이 집이 처음 지어졌을 때에는 차를 소유한 사람들이 많지 않았다. 당시에는 주택을 지을 때 주차 공간을 만들어야 한다는 법규도 없었다. 현행법에서는 도시에서 주택을 지을 때 규모에 맞는 주차 공간을 확보해야 한다. 신축을 하려면 이 주택 역시 이전에는 없던 주차 공간을 확보하고, 지구단위계획에 따라 건축 한계선을 적용받아 현재보다 건물을 후퇴시켜 배치해야 했다. 근처에 있는 이화장梨花莊 때문에 동네가 문화재보존영향검토대상구역으로 지정되어 있어 신축 시 문화재 심의를 받아야 하는 제약도 있었다. 결국 내부를 새롭게 리모델링하고 필요한 공간만 증축하는 것이 좀 더 합리적일 거라는 결론을 내렸다.

지구단위계획: 체계적으로 도시의 기능을 증진시키고 경관을 개선하기 위해 각 지역 특성에 맞는 기준과 원칙이 필요하다는 취지에서 수립한 '도시 관리 계획'.

이화장: 조선시대 건물로, 인조의 셋째 아들인 인평대군이 살기도 했다. 1948년 8월 15일 출범한 초대 내각을 구성하였던 정부의 조각 본부이자 이승만 대통령의 집무공간으로도 쓰인 장소이다. 문화재청은 2009년 4월 28일 이화장을 국가지정문화재 사적 제497호로 등록하였다.

문화재보존영향검토대상구역: 문화재보호법에 따라 역사문화환경 보존지역의 보호를 받는 구역(국가지정문화재는 해당 문화재 외곽 경계로부터 100m 이내)으로 신축 시 문화재 심의를 받게 된다. 건축물의 높이, 규모, 재질, 색상 등을 심의 받는다.

기존 건축물 청사진(서측면도)

— 리모델링을 진행하면서 기존의 2층 건물 위로 수직 증축을 할 수 있지 않았나? 그렇게 하지 않고 기존 집과 닮은 형태의 건물을 옆쪽에 나란히 계획하는 데 그친 이유는 무엇인가?

기존 주택은 지하 1층, 지상 2층의 연와조 건물이었다. 연와조 건물은 슬래브slab와 필요한 보girder만 철근콘크리트로 하여 건물을 세우는 벽돌식 구조이다. 연와조 건물 위에 증축을 하면 하중에 무리가 갈 수밖에 없다. 밑에서부터 철골 뼈대를 보강하면 수직 증축이 가능하지만 많은 시간과 비용이 든다. 수평 증축만으로도 필요한 공간을 확보하는 데 문제가 없었기 때문에 주어진 상황에서 가장 안전하고 합리적인 방법을 택했다. 기존 건축물이 경사 지붕인 것도 이유로 작용했다. 수직 증축을 하기에는 신축 못지않은 작업이 요구되기 때문에 1층의 마당으로 쓰였던 지하층 상부에 구조 보강을 통한 증축을 하기로 결정했다. 기존 건축물을 남겨서 존중하는 개념이 자연스레 생기게 되었다.

연와조: 불에 구운 벽돌로 쌓아 축조한 구조를 말한다. 과거 소규모 주택에 많이 적용되었다.

슬래브: 건축 구조물의 바닥이나 천장을 구성하고 있는 판 형상의 구조 부재.

보: 수직 구조재인 기둥과 기둥 사이에 연결되어 윗부분의 무게를 지탱해 주는 수평 구조재.

— 동네가 문화재보호구역이기 때문에 프로젝트를 하면서 특별히 신경쓴 부분이 있나?

건물 외관이 주변과 이질적으로 느껴지지 않게 하려 했다. 그런 생각이 곧 이 건물 전체의 개념을 잡는 데 영향을 미쳤다. 증축하는 부분도 기존 건물의 느낌을 해치지 않도록 디자인했다. 두 건물이 형과 아우처럼 놓이면 좋겠다고 생각했다. 기존 건물의 박공지붕 형태를 증축 부분에도 그대로 적용했다.

박공지붕: 지붕면이 양쪽 방향으로 경사진 지붕을 말한다.

기존 건물과 증축한 건물은 이격하여 브리지bridge로 연결하고 두 건물 사이에 외부 테라스 공간을 만들었다. 채광과 환기를 좋게 하면서 다양하고 재미있는 이벤트가 이 공간에서 일어나길 바라는 마음에서였다. 투명한 유리로 벽과 천장을 마감한 브리지는 과거(기존 건물)와 현재(증축 건물)를 잇는 시간의 터널 역할을 한다. 브리지로

개념 스케치

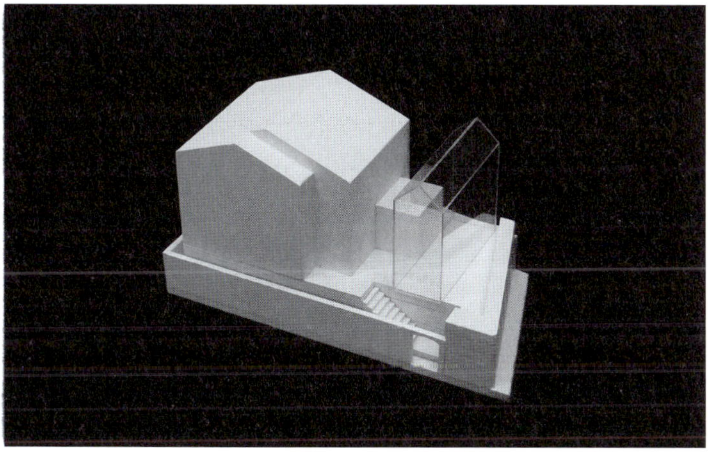

컨셉 모형

증축한 부분이 기존 건물의 느낌을 해치지 않도록 하면서 두 건물이 형과 아우처럼 보이길 바랐다.

나뉜 두 개의 테라스에서는 각각 낙산과 동네를 바라볼 수 있다. 이 곳은 주변 풍경을 건물 내부로 끌어들이는 곳이기도 하다. 증축 건물이 자리하고 남은 지상 1층의 가장자리 마당에는 데크를 설치해 길과 대화하는 기분 좋은 공간을 만들었다.

건물 외부의 마루.

— **증축 건물을 보면 기존 건물의 외장재인 현무암과 조화를 이루도록 재료의 색을 선택한 것으로 보인다. 재료가 주는 느낌은 다르지만 조화를 이루는 색 때문에 기존 건물과 큰 이질감이 없어 보인다.**

오래 전에 지어진 집들을 보면 그만의 아름다움이 있다. 이 집은 첫인상이 그렇게 아름다운 집은 아니었다. 철거 과정에서 불필요한 것들을 걷어내고 나니 이 건물만의 아름다움이 보였다. 특히 현무암 마감이 인상적이었다. 당시 현무암은 구하기 어려운 재료였는데, 제주도에서 어렵게 공수해 와서 마감재로 사용한 것이다. 현무암과 조화를 이룰 수 있는 재료를 건축주와 함께 고민했고, 그렇게 선택한 재료가 진회색의 컬러 강판이다.

— **비슷한 톤의 다른 재료를 고를 수 있었음에도 불구하고 컬러 강판을 선택한 이유는 무엇인가? 하중을 고려한 선택이었나?**

그것도 여러 이유 중 하나이다. 오래된 건물 위에 증축이라 가벼운 소재를 택할 필요가 있었다. 강판의 색은 다양하게 선택할 수 있는데, 현무암과 질감이 같지는 않더라도 조화를 이루도록 진회색을 선택했다. 과거의 석재와 현재의 금속이 조화를 이룰거라 생각했다.

현재 건물에 적용한 컬러 강판은 단열재가 부착된 복합 소재이다. 난연 재질의 단열재가 붙어 있어 화재의 위험도 낮고 저렴하다. 그러나 장점 뒤에 단점도 있다. 단열재가 붙어 있다 보니 가공이 쉽지 않아 재료와 재료가 만나는 부분이 예상보다 깔끔하게 마감되지 않았다.

불이 붙어도 연소가 잘 되지 않는 성질을 가진 재료.

과거(기존 건물)와 현재(증축 건물)를 잇는 시간의 터널 역할을 하는 브리지

낙산과 동네를 바라볼 수 있는 테라스는 주변 풍경을 건물 내부로 끌어들인다

기존 지하 1층 상부에 철골 구조의 증축동이 자리잡았다.

— **건물 외부뿐 아니라 내부도 벽체 일부를 남기는 등 과거의 흔적을 그대로 두었다.**

의무적인 것은 아니지만 어떤 건물들은 시간을 이어가면서 과거의 흔적을 보존할 필요가 있다고 생각한다. 만약 이 건물을 부수고 신축을 했다면 과거 현무암이 주택의 외장재로 어떻게 가공되어 사용되었는지 후세에 실물로 전해주지는 못할 것이다. 이제는 이 집에 쓰여진 현무암이 깨어지더라도 똑같이 다듬어진 것을 구할 수 없다. 이런 사실을 확인하면서 건축 재료의 가치를 재발견하기도 한다.

그렇다고 모든 흔적을 남긴 것은 아니다. 외벽 내측은 단열 보강이 필요해 내부 재료의 흔적을 남기는 것이 불가능했다. 외부에 면하지 않은 내부의 벽 일부는 이미지월처럼 남기기도 했는데, 기존 주방 벽이 그런 경우다. 시멘트 벽에 붙어 있던 타일을 떼어냈는데 치장한 것이 아닌데도 일정한 간격으로 남겨진 접착 시멘트 풀덩어리 흔적이 아름다웠다. 건축주도 같은 생각이어서 흔적을 그대로 남기고 다른 작업을 하지 않았다. 내부 천장을 철거하고 콘크리트 슬래브를 그대로 노출하였다. 지붕의 스패니시 기와도 누수가 염려되는 부분만 보수하고 현상을 그대로 유지했다. 지하 1층은 경사 지형 때문에 길에 드러나 있고 셔터가 달려있었는데, 그대로 두고 유리 폴딩 도어를 추가로 설치하였다. 평소에는 유리벽처럼 투명하게 열려 있는 구조이며 필요 시 셔터를 내릴 수 있다. 셔터 위에 벽화를 그리자고 제안했었는데, 그 부분은 실현되지 않았다.

이 프로젝트가 서울이라는 도시에서 오래된 건물을 보존하는 모범 사례는 아닐지라도, 시간의 켜를 담아낼 수 있는 건축물이 되어 한줄기 역사를 이어가는 역할을 할 수 있을 것이라 생각하며 작업했다. 비록 노후화되었지만 제 기능을 할 수 있도록 보강을 한 만큼, 이 집은 시간을 얻게 되었다. 새로운 가치가 생겼다.

철거 가능한 벽체만 최소한으로 철거하고 기존의 방과 거실을 사무실 공간으로 계획했다.

내부 천장을 철거하고 콘크리트 슬래브를 그대로 노출했다. 벽에 붙어 있던 디실을 떼어낸 흔적도 그대로 보존했다.

—— 주택으로만 사용되었던 공간을 업무공간으로 계획하는 데 있어 어려움은 없었나?

오픈 플랜open plan의 넓은 공간을 확보할 수 있는 것은 아니었지만, 몇백 명 규모의 회사가 아니기 때문에 업무 특성에 따라 기존 방을 필요 공간으로 나눠서 사용하면 된다고 판단했다. 방에 달려 있던 문만 제거하여 각 공간이 소통되도록 하였다. 기존 건물의 1층과 지하 1층 그리고 증축한 1층 공간은 업무공간으로 만들었다. 지하 1층은 경사진 대지 때문에 땅에 완전히 묻히지 않고 일부분이 지상에 드러나 있었다. 여러 개의 방으로 구획되어 있었는데, 문을 떼어내면 회사의 창고로 사용하기에 부족함이 없어 보였다. 기존 공간의 틀을 그대로 유지하면서 불필요한 출입문을 없애 물류창고로 만들었다. 1층은 철거 가능한 벽체만 최소한으로 철거하고 기존의 방과 거실을 사무실 공간으로 계획했다.

벽이나 칸막이가 없거나 적은 레이아웃. 사무실 공간을 막거나 분할하지 않고 스크린이나 가구 요소들을 배치하여 어느 정도의 프라이버시가 확보되도록 한 오피스 플래닝의 한 시스템.

—— 증축을 했음에도 지하 1층과 지상 1층을 업무공간으로 계획해 주거공간의 면적이 줄었다.

리모델링을 하면서 주거공간이었던 1층도 사무공간으로 만들다 보니 방의 개수가 줄었다. 2층 전체를 주거공간으로 계획하면서 전체 평면을 재배치했다. 박공지붕 내부 천장을 철거한 후 드러난 경사 지붕을 활용하여 다락공간을 증축하고, 증축한 건물 2층을 활용해 건넌방을 넣었다. 생활에 불편함이 없도록 필요한 공간을 확보하면서 다락과 건넌방, 중정 테라스를 통해 한정된 2층이라는 공간에서 풍족한 주거공간을 구성하였다.

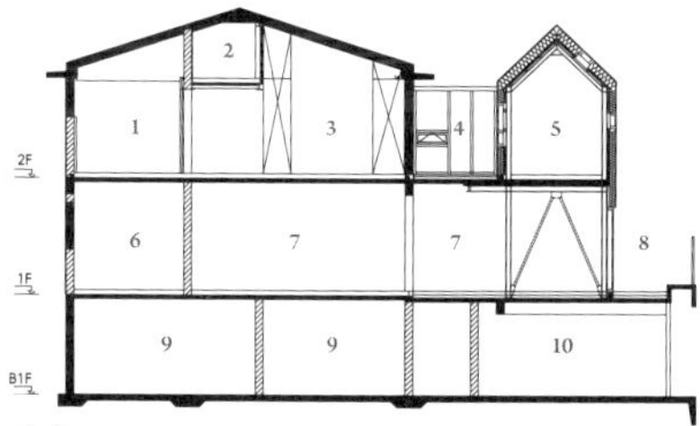

단면도

1. 드레스룸
2. 다락
3. 거실
4. 중정
5. 건넌방
6. 화장실
7. 사무실
8. 테라스
9. 물류창고
10. 홀
11. 침실
12. 보일러실
13. 샘플 재단실
14. 서재
15. 부엌/식당
16. 탕비/휴게실
17. 응접홀
18. 주택 현관
19. 아동방
20. 복도
21. 주방
22. 안방
23. 서재/공부방
24. 브리지
25. 중정 테라스

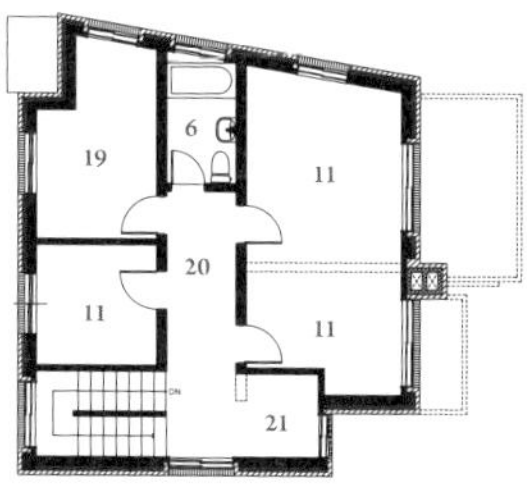

2층 변경 전 평면도

2층 변경 후 평면도

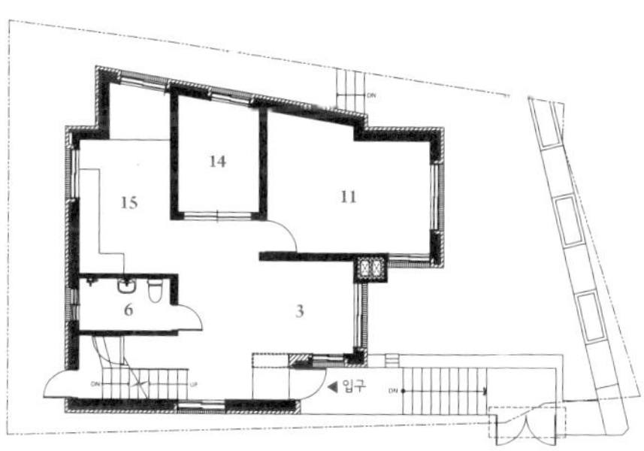

1층 변경 전 평면도

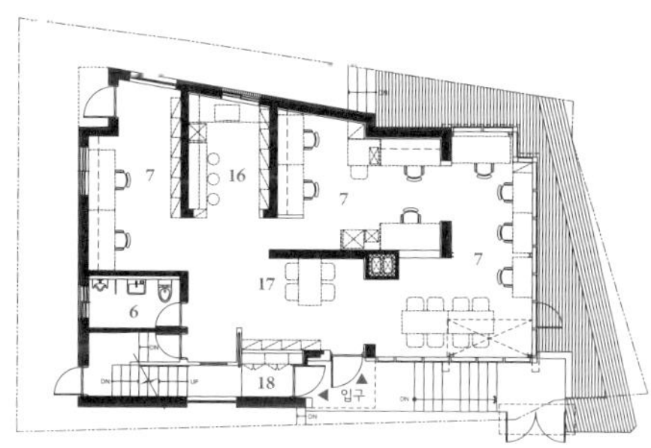

1층 변경 후 평면도

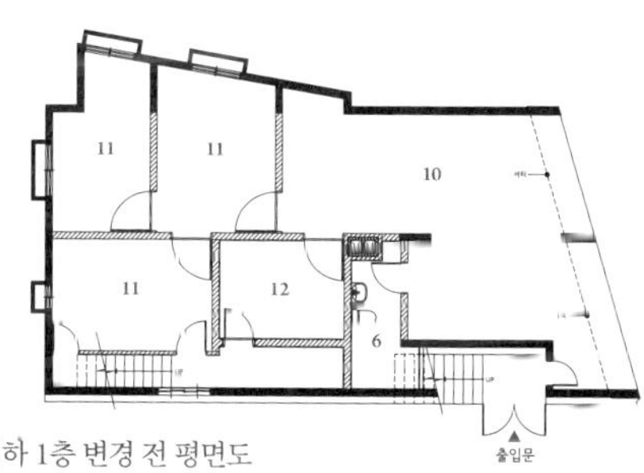

지하 1층 변경 전 평면도

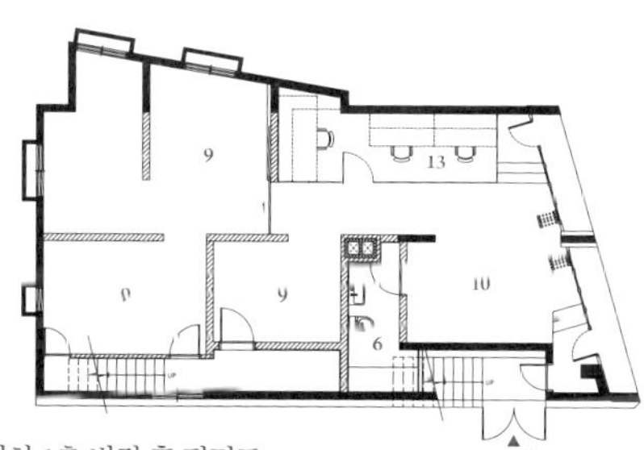

지하 1층 변경 후 평면도

— **주거공간의 사생활 보호를 위해 사무공간과 영역이 분리되도록 신경써서 계획한 부분이 있나?**

기존 주택은 1층 현관으로 출입해서 내부 계단을 통해 2층으로 통하는 일반적인 구조였다. 주거공간의 프라이버시 확보를 위해서 1층의 주택 현관을 내부 계단과 바로 연결되는 곳으로 옮겨서 계획하였다. 주택과 사무공간에 각각 출입하도록 동선을 분리한 것이다.

증축한 부분의 1층은 사무소이고 2층은 주택인데, 1층 사무공간이 답답하게 느껴지지 않도록 증축 부분의 2층 바닥 일부를 개방하였다. 1층에서 올려다 보이는 2층 주택의 벽체는 1층과 차단되도록 구획했다. 여기에 동네 풍경을 내다볼 수 있는 고정창을 냈는데 1층 사무소에서 올려다 보아도 집 내부가 보이지 않도록 창의 위치와 크기를 고려하여 계획하였다.

— **건물 곳곳에서 창을 볼 수 있다. 외부 공간과 만나는 부분뿐 아니라 내부에도 창을 냈다.**

시선들이 교류하며 소통할 수 있도록 하기 위함이다. 덕분에 좁은 공간이 답답하게 느껴지지 않고, 채광도 좋아졌다. 환기가 필요 없는 기존의 외벽 창문은 외부의 풍경이 잘 담길 수 있도록 고정창으로 설계하였다.

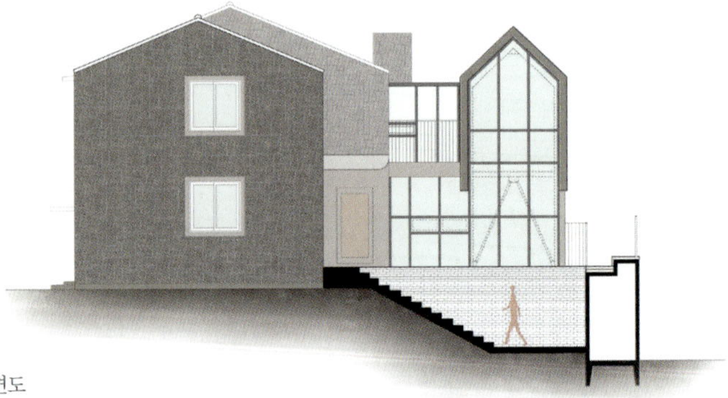

입면도

리모델링을 할 때는 공간의 크기를 가늠하기 위해 먼저 실측을 한다. 이 집은 기존에 있던 집기들 때문에 실측이 어려웠다. 철거를 하면서 몰랐던 점들이 속속들이 드러나 주기적으로 실측을 해야 했다.

증축을 할 때는 안전을 위한 구조 점검을 우선시했다. 2층 건물 위에 수직 증축을 하는 것은 아니었지만 지하층이 있는 상태에서 위로 건물을 올리는 것이었기 때문이다. 앞에서도 언급했지만 철근콘크리트와 같은 구조체가 지지하고 있지 않은 37년된 연와조 건물이라 하중이 실릴 경우 무너질 위험이 있었다. 구조기술사사무소에 구조안전진단을 의뢰해 구조 내력을 테스트하고 구조설계와 보강설계를 했다. 여기에 천만 원 정도의 비용이 지출됐다. 보통 리모델링이라고 하면 비용이 적게 든다 생각하지만, 이런 예상치 못한 진단과 설계 비용이 지출되는 경우가 대부분이다. 이런 이유로 처음에 리모델링을 생각하셨던 분들도 중도에 포기하고 건물을 허문 후 신축을 하는 경우가 많다.

공사를 하면서 다행히 민원은 많지 않았다. 신축이 아니라 공사 차량의 진입이 잦지 않았고, 가벼운 철골 구조로 증축해서 공사 기간도 길지 않았다.

단면 다이어그램

리모델링이라고 해서 아주 적은 비용으로 공사를 할 수 있는 것은 아니다. 기존 건축물 전체를 철거했을 때의 비용과 골조 비용 그리고 시간이 절약된다고 보면 된다.

— 리모델링 및 증축이 신축에 비해 비용적으로 얼마나 매력적인가?

지금 완성된 규모와 동일하게 신축을 한다고 가정했을 때, 신축 공사비를 100%라고 한다면 리모델링 및 증축 공사비는 70~80% 정도이다. 리모델링이라고 해서 아주 적은 비용으로 공사를 할 수 있는 것은 아니다. 리모델링은 콘크리트 골조만 남아있는 상태에서 시작한다고 보면 된다. 기존 본채의 외부는 일부분만 보완했지만 내부는 전체 마감을 새로이 했다. 노후화된 건물이기 때문에 창호 교체와 단열 보강도 했다. 결국 기존 건축물 전체를 철거했을 때의 비용과 골조 비용 그리고 시간이 절약된다고 보면 되겠다.

— 공기에 따른 공사 비용의 차이도 고려해야 하지 않나?

공사 기간도 중요하게 고려해야 할 요소 중 하나이다. 규모에 따라 다르지만 철거를 하고 신축을 하면 단독 주택의 공사 기간은 대략 5~6개월 정도이다. 리모델링은 골조를 남기고 마감재를 걷어내다 보니 2개월이면 공사를 마칠 수 있다. 이 프로젝트에서 공기까지 고려하여 전체 공사비를 추산하면 신축을 100%라고 했을 때 리모델링 및 증축 비용은 60% 정도가 될 것이다.

공기: 공사를 시작하고서부터 완성하기까지의 기간.

— 더 저렴한 비용으로 짧은 기간에 공사를 마칠 수 있다는 점이 리모델링의 장점인 것 같다. 리모델링의 단점은 무엇인가?

새로 짓는 것에 비해 기능과 효율성을 극대화할 수 없는 것이다. 의도한 대로 완성도 있게 마무리하기도 어렵다. 배관을 예로 들면, 배관은 전체 교체가 불가능하다. 온돌은 걷어내면 되지만, 내부의 오수관이나 우수관은 교체가 어렵다. 교체하려면 건물을 전부 들어내야 한다. 프로젝트를 진행하고 나서 그런 명쾌하지 않은 부분들을 알게 됐다. 하자 보수에 대한 우려도 있다. 물론 신축을 할 때도 하자는 발생한다. 문제는 오래된 건물이다 보니 예상치 못했던 부분에서 문제점들이 드러난다는 것이다. 리모델링 여부를 결정하기 전에 이러한 장단점을 따져봐야 한다.

— 주택 설계에 착수해서 건물이 완공되기까지 얼마의 기간이 걸리나?

1년 정도가 걸린다. 시공은 골조공사에 2~3개월이 소요되고, 날씨 변수가 없을 경우 마감공사까지 6~7개월이 걸린다. 설계의 경우 처음 계약할 때는 설계 기간을 보통 3개월로 한다. 첫 두 달은 설계와 심의/인허가를 받고, 남은 한 달은 정리하는 데 필요한 시간이다. 그러나 경험에 비추어 보면 소통을 잘했다고 생각할 때도 3개월에 끝나지 않는 경우가 다반사다. 모형을 보여드리고 충분히 설명한 후 최종 결정을 내려 허가까지 받은 상황에서도 부가적인 요청이 들어올 때가 있다. 그래서 건축주분들께도 주택의 경우 완공되기까지 최소 1년(설계 5개월, 시공 7개월)이 걸린다고 말씀드린다.

증축 부분의 사무공간과 상부를 오픈하여 개방감을 확보했다.

증축한 건물의 2층 고정창을
통해 바라본 뷰

증축한 부분의 2층 건넌방

총 공사비는 얼마였나?

빌트인 가전과 가구까지 포함해 평당 약 350만 원이다. 최근 일반 신축 주택의 공사비가 평당 600만 원 정도인데, 그에 비하면 저렴하게 했다고 할 수 있다. 리모델링한 기존 건물은 단열재를 포함해 내부 전체를 새롭게 공사했다. 현무암으로 마감되어 있던 외벽은 손대지 않고 창만 교체했다. 지붕은 방수를 위해 보강 작업을 했다.

보통 설계비는 어떤 기준으로 책정하나? 이 프로젝트의 설계비는 얼마였나?

법적으로 명시되어 있는 업무 범위 대가를 보면 리모델링 설계비는 일반 설계비의 1.5배이다. 비어있는 땅에 설계하는 신축과 기존 건물을 다듬어 새롭게 만드는 리모델링은 분명 차이가 있다. 리모델링은 철거를 고려해야 하고, 변경 전과 후의 도면 작업도 진행된다. 이 프로젝트에서는 리모델링과 증축이 함께 이루어졌기 때문에 설계비로 3천만 원 정도를 받는 게 적절했을 것이다. 건축주와 사전 미팅을 통해서 불필요한 검토와 도면 작성 등을 배제하고 합리적인 금액으로 설계비를 조정하였다. 리모델링에 대한 연구 차원에서 적정 수준으로 책정하였다.

관에서 하는 공사는 규모가 크기 때문에 공사비의 4~5% 정도를 설계비로 책정한다. 주택은 그렇게 책정할 수 없다. 30평 주택을 예로 들면, 평당 공사비가 600만 원이라고 했을 때 총 공사비는 1억 8천만 원이다. 관처럼 5%를 설계비로 계산하면 설계비는 900만 원. 주택 설계 시 두 명이 3~6개월 정도 투입되어 작업을 한다고 가정해 보라. 여기에 구조, 기계, 전기, 설비 등 외주업체에 지출해야 하는 300~400만 원의 작업 비용까지 정산하고 나면 인건비조차 나오지 않는다. 그래서 보통 주택 설계비의 마지노선을 공사비의 10%로 잡는다. 그러나 10%로 책정해도 설계비는 1,800만 원이다. 소규모 주택

시선들이 교류하며 소통할 수 있도록 외부 공간뿐 아니라 내부에도 창을 냈다.

동네 풍경을 내부 깊숙이 끌어드리는 창 기존 경사지붕을 활용해 다락을 증축했다.

설계비로 적은 비용은 아니나 설계 기간이 3개월에서 6개월으로 늘어나게 되거나 설계 변경이 잦아지면 턱없이 부족한 비용이 된다.

이런 이유로 공사비의 15~20% 정도를 설계비로 책정한다. 최근에는 30~50평 규모의 단독주택 설계비로 건축가들이 최소 3천만 원을 이야기한다. 여기서 인건비와 외주비로 1,500~2,000만 원을 지출하고 나면 회사에 천만 원 정도의 이익을 남길 수 있다. 설계에서부터 시공까지 1년을 고생해야 하는 대가가 되겠다. 집을 지으려면 공사비에 설계비까지 더한 비용이 든다. 감리 대상(100㎡이하 건축신고대상 주택은 제외) 건축물의 경우는 감리비가 별도이다.

공사비가 높은 건물도 공사비의 15~20%를 설계비로 책정하나?

공사비가 3억 원인 건물의 설계한다고 했을 때, 설계비로 20%를 받는다고 가정하면 6천만 원이다. 그렇게까지는 받지 않고 조정을 한다. 설계비는 단순히 공사비에 따른 요율로만 결정하는 게 아니다. 설계할 땅의 난이도, 법적 조건(심의 해당 여부 등), 설계 조건 등을 고려해 상담 후 결정한다. 물론 건축주의 예산도 고려한다. 공사비는 건축주의 요구사항에 따른 공간 구성과 자재 사양 등에 따라서 추후에 산출되기 때문에 주택의 경우 공사비를 가정하는 것이 적정하지 않다. 오히려 객관적인 기준은 부지 조건과 건축주의 요청 규모에 따라서 산정한다.

건축주가 설계비에 대해 인식하지 못하는 경우도 있다고 들었다.

설계에 대한 기준이나 개념이 없는 경우가 많다. 간혹 어떤 분들은 설계사무소가 시공을 하는 곳인지, 설계와 시공을 함께 하는 곳인지를 물어보기도 하신다. 상황이 이렇다 보니 설계비를 얘기하면 '비용이 높다'는 반응이 대부분이다. 사전에 충분히 공부해서 알

기존 평천장을 개방하여 복층형 주거공간을 형성했다.

화이트톤의 심플한 주거 공간

기존 건물에서 증축 건물로 통하는 출입구

아보고 오시는 분들은 이해하기도 하신다. 그러나 소위 집장사라고 하는 분들을 만나고 오시는 분들은 낮은 견적을 이미 듣고 오셨기 때문에 이해하지 못하는 경우가 많다. 그래서 여러 가지 방식으로 설명을 드린다.

요즘에는 젊은 분들이 설계를 의뢰하는 경우가 많아지면서 좀 달라졌다. 무조건 저렴하게 하는 게 좋은 것이 아니고, 투자한 만큼 결과를 얻는다고 생각하는 것 같다. 설계의 중요성을 인식하고 있다. 양복 한 벌을 맞추더라도 어디에서 얼마의 시간과 비용을 들여 만드냐에 따라 품질이 다르지 않은가. 설계도 맞춤 개념이다. 설계비를 아끼려다 설계가 잘못되면 공사비로 몇 배의 비용을 더 지출해야 할 수도 있다. 건축가들이 가끔 이런 푸념을 한다. 설계비 1~2백만 원은 아끼려 하면서 나중에 천만 원짜리 소파를 들이신다고. 요즘에는 상담을 오시면 설계 도면집을 보여드리고 문고리 하나까지 모두 골라 넣는다고 설명을 드린다.

단순히 돈의 문제이기 보다는 삶을 설계하는 것에 대한 얘기가 되어야 할 것 같다. 그리고 그것에 투자할 금전적 준비도 되어야 할 것이다. 건축주가 삶의 대한 진솔한 생각이 있다면 설계자도 이리저리 가능한 조정 범위를 궁리할 것이다. 어느 건축가든지 기본적으로 돈을 먼저 생각하지는 않는다.

—— 설계 기간이 길어지거나 건축주가 마음을 바꿔 설계안이 변경되면 설계비를 추가로 더 받는가?

설계비를 추가로 더 받아야 하는 이유를 설명 드리면 이렇다. 건축설계 초기에는 건축 형태나 공간 등 디자인과 계획적인 측면을 이야기한다. 이후 디자인이 확정되면 기계, 전기 구조, 소방 설계를 외주업체에 맡기는 것이 일반적이다. 건축설계 과정에서는 건축주의 요구를 얼마든지 수용할 수 있다. 그때는 설계 변경이라고 하지 않는다. 하지만 건축설계를 완료해 허가를 받거나 외주업체로 바통이 넘어간

이후에는 돌이키기 힘들다. 외주업체에 설계 수정에 대한 비용을 추가로 지불해야 하기 때문에 문제가 달라진다. 어느 단계가 넘어간 설계 변경은 그에 따른 추가 비용이 발생할 수밖에 없다.

건물이 완공된 후 비가 새는 등의 하자가 생겨 보수를 하는 경우가 있다. 그럴 때는 어떻게 문제를 해결하나?

시공사에서 하자 보수 공사를 진행한다. 건축사사무소는 하자의 원인을 같이 진단하지만, 직접 보수를 하지는 않는다. 예전에는 직영 공사라고 해서 건축주가 공사를 진행하기도 했다. 그러다 보니 문제가 많았다. 최근에는 법이 많이 바뀌었다. 200㎡(약 60평) 이하의 단독주택 외에는 종합건설업 면허를 갖고 있는 회사에서 공사를 해야 한다. 공사가 끝난 후에는 일정 규모의 공사 비용에 대해 시공사가 하자이행보증보험에 가입한다. 건축주가 잔금을 치르기 전 시공사에서 보험을 가입한 후 건축주에게 하자이행보증증권을 전달한다. 공사 완료 후 2년 내 발생하는 하자에 대한 보수를 책임질 것을 약속하는데, 약속대로 이행하지 못했을 경우를 대비해 건축주가 보험금을 수령할 수 있게 마련한 안전장치이다. 예전에는 구두로만 하자 보수를 약속했다. 어떤 건축주들은 하자에 대비해 잔금을 전부 지불하지 않고 조금 남겨놓기도 했다. 요즘에는 이런 안전장치를 사용한다. 이 건물도 마찬가지이다. 통상 신축 건축물의 하자는 일부 경미한 사항 외에 누수와 결로가 대부분이다. 아무리 신경써서 공사를 했다 해도 건축물에는 각종 마감재가 결부되기에 생각지 못했던 곳에서 하자가 발생될 수 있다. 그래서 통상 집을 짓고 최소 1년은 지켜봐야 한다.

직영 공사: 건축주가 종합 시공 업자에 의뢰하지 않고 자력으로 자재, 노무자, 기계 설비 등을 조달하여 공사를 하는 방식.

의도한 대로 건물이 완공되면 큰 보람을 느낄 것 같다. 이 프로젝트는 어떠했나?

무언가를 정해 놓고 설계하지는 않지만 조용한 건물을 지으려 한다. 과하지 않게, 오래 두고 보아도 질리지 않도록 설계하려 했다. 이 건물은 다행히 무던하고 자연스럽게 자리를 잡았다. 기존 건물과 증축한 건물이 의도한 대로 비교적 잘 조화를 이루었다. 집이 다 지어진 후 건축주가 동네 주민들과 지인들을 초대해 오픈하우스 이벤트를 열었다. 주변에서 좋은 말씀을 해주신 덕분인지 건축주는 만족스러워 하신다.

리모델링은 기존 건물의 형태, 공간, 창 하나까지 마음 속에 두고 공간을 새로이 발견해 가는 과정이다. 무언가를 계속 발견하고 해석하는 과정이 소소하지만 재미있다. 동네에 오랫동안 자리잡았던 건물이기 때문에 주변 건물도 영향을 받을 수 있고 비슷한 리모델링 건물이 지어질 수도 있지 않을까 기대해 본다.

프로젝트를 마치면서 남는 아쉬운 점이 있다면?

오픈하우스 이벤트에서 이전 집주인 분과 만날 기회가 있었다. 그분은 본인이 자신의 아내를 위해 마당에 심은 매화나무 한 그루가 없어진 것을 안타까워하셨다. 증축한 건물을 세운 마당에 그 나무가 있었는데, 관리가 되어있지 않고 잡풀이 우거져 있어 나무와 흙을 걷어내고 건물을 올렸다. 사전에 알았다면 나무를 지킬 수 있는 대책을 강구했을텐데 나 역시 아쉬움이 남는다.

동숭동 사진가의 집

<u>대지위치</u> 서울특별시 종로구 동숭4길 42(구지번: 동숭동 4-6)

<u>지역지구</u> 도시지역, 제2종일반주거지역(7층 이하)

<u>용도</u> 다세대주택, 제2종근린생활시설(일반음식점)

<u>대지면적</u> 138.8m²(공부상면적: 148.8m²)

<u>건축면적</u> 73.59m²

<u>연면적</u> 312.79m²(용적률 산정용: 243.96m²)

<u>규모/층수</u> 지하1층, 지상5층

<u>구조</u> 철근콘크리트구조

<u>최고높이</u> 16m

<u>주차대수</u> 4대(옥내자주식-필로티)

<u>외부마감</u> 외단열공법(스타코플렉스)

<u>설계</u> 건축사사무소 공유

<u>설계 참여자</u> 김성우, 김한결

<u>인테리어</u> 건축사사무소 공유

<u>시공</u> 비공개

<u>건축주</u> 김찬웅

<u>준공</u> 2017. 5. 10

<u>사진</u> CA James Jeong, 김정우

<u>거주자</u> 세입자

<u>건축주의 직업</u> 사진작가

<u>특별 주문 사항</u> 본인이 직접 거주하면서 상가와 원룸을 임대할 수 있는 주택

— 어떠한 경로로 이 프로젝트의 설계를 의뢰받았나?

건축주는 동숭동을 탐방하다 집을 지을 부지를 매입했다. 이후 설계사무소를 알아보던 중 부동산 소개로 당시 동숭동에 있던 우리 사무소를 찾아왔다. 광고 사진작가인 그는 본인의 인생과 사진 이야기를 들려주었다. 일의 특성상 내가 하는 일과도 잘 통하는 부분이 있었다. 재미있게 잘할 수 있는 프로젝트라는 확신이 들어서 설계안을 제안드릴테니 보고 마음에 드시면 일을 맡기시라고 말씀드렸다. 그 후 여러 사무소를 알아보던 건축주는 나중에 내 설계안을 보고 일을 맡겨 주셨다.

— 건축주의 요청은 무엇이었고, 이를 어떻게 적용했나?

건축주는 본인이 직접 거주하면서 상가와 원룸을 임대하려는 목적을 갖고 있었다. 건축주의 목적과 대지 상황을 고려하여 5층 건물을 계획했다. 지하 1층에는 건축주의 사진 스튜디오로 사용하거나 임대를 할 목적으로 상가를 계획했다. 오르막인 골목길에서 사람들의 흐름이 지하의 상가까지 이어지도록 작은 선큰 가든을 만들었다. 지하 안쪽에서도 채광 및 환기가 되도록 북측일조사선제한으

북측일조사선제한: 북측에 인접한 건물에 대한 일조권 확보를 위하여 건물의 높이를 북측에 있는 인접대지 경계선 거리에 따라 제한하는 것을 말한다.

좁은 골목길에 비껴서듯 자리잡아
동네에 새로운 표정을 부여한다.

로 인한 후퇴 여유 면적을 활용해 드라이 에어리어 dry area 를 만들어 천창으로 덮었다. 바닥에는 단차를 두어 공간이 단조롭게 느껴지지 않게 했다. 1층은 필로티 구조로 주차장으로 만들었다. 2층과 3층에는 각 층에 세 가구씩 여섯 가구가 들어가도록 원룸을 계획했다. 일부 세대에는 테라스를 넣어 작은 공간에서도 삶의 여유를 느낄 수 있게 하려 했다. 건축주가 거주할 계획을 갖고 있었던 4~5층은 복층 구조로 만들었다. 복층의 하층에는 거실과 주방 및 식당, 안방 그리고 돌출창으로 된 응접 및 휴게공간을 계획했고, 상층에는 서재와 작은방을 구성했다. 일조 확보를 위해 후퇴한 부분과 전면도로에서 후퇴한 부분을 연결하여 골목길 개념의 테라스를 계획하였다. 테라스의 활용성을 높이기 위해 테라스에서 사용할 수 있는 간이 주방도 설계하였다.

채광·환기·방습 따위를 위하여 지하의 외벽을 따라 판, 물이 없이 마른 도랑.

— **계획한 실 구성을 보면 전형적인 5층짜리 다세대주택인 것 같지만 건물 외관을 보면 그런 느낌이 들지 않는다.**

수익만을 고려해 건축법규 안에서 최대한의 면적을 확보하는 데만 집중했다면 지금과는 다른 모습이었을지도 모른다. 설계 초기에 골목에 활력을 불어넣을 수 있는 형태가 무엇일지 고민했다. 그렇다고 골목의 주인공이 되려고 한 것은 아니다. 어찌 됐든 이 집의 계획은 골목길과의 관계에서 출발되었다고 할 수 있겠다. 건물 앞 도로 반대편에 있는 높은 옹벽 때문에 부지와 인접한 전면 도로의 폭이 3m에 지나지 않았다. 그런 골목길에 면적을 꽉 채워 박스 형태의 건물을 올리는 것이 과연 적합할지 의문이 들었다. 실제로 부지 앞쪽에 면적을 빽빽하게 채워 들어서 있는 주변 건물이 답답해 보였다. 도로사선제한은 이미 폐지되었지만, 개방감과 시야 확보가 필요하다 생각해 이 프로젝트에서는 유사한 개념을 적용하기로 했다. 도로에 면한 상층부 매스가 건축선보다 안쪽에 위치하도록 설계했다.

도로변에 건축물을 지을 때 도로 폭을 기준으로 건축물의 높이를 제한한 제도다. 건축물 각 부분의 높이를 전면도로의 반대쪽 경계선에서 수평거리의 1.5배를 넘을 수 없도록 규정했다. 도시의 개방감과 시야 확보를 위한 수단으로 도입됐지만 용적률이 제한돼 사업성을 저하시키고 계단형 혹은 대각선 건물 등 기형적 건물을 양산하게 만든다는 지적이 오래 전부터 제기되어 일괄적인 사선제한은 폐지되고, 가로구역별로 높이를 지정하는 것으로 바뀌었다.

도로와 접한 부분에 건축물을 건축할 수 있는 선으로 대지와 도로의 경계선을 말한다.

골목길의 다양한 풍경을 채집하는 줌 렌즈를 떠올리며 입면을 위트있게 풀어냈다.

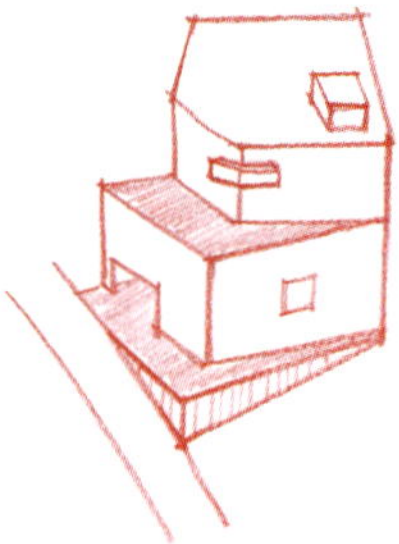

개념 스케치

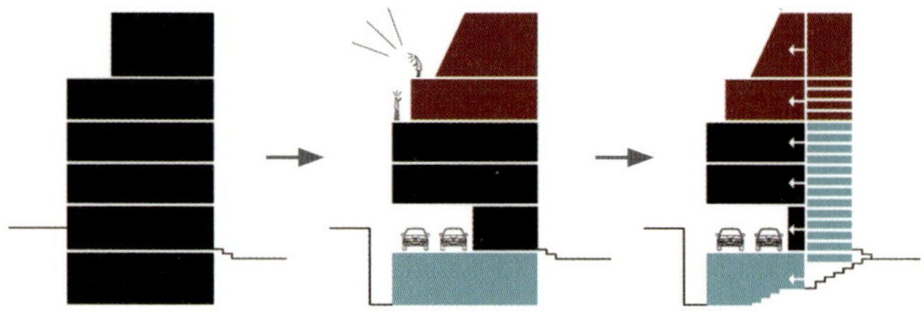

디자인 과정

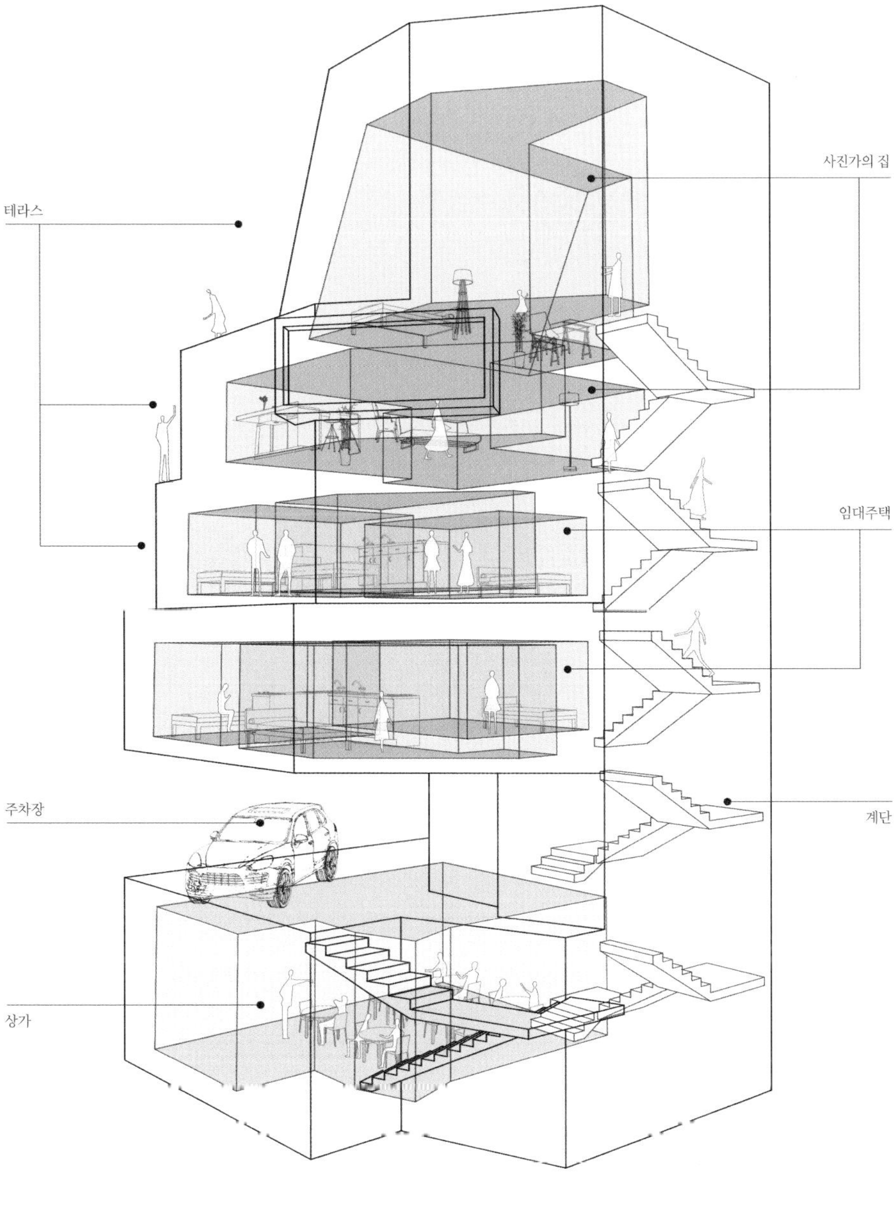

입체 투상도

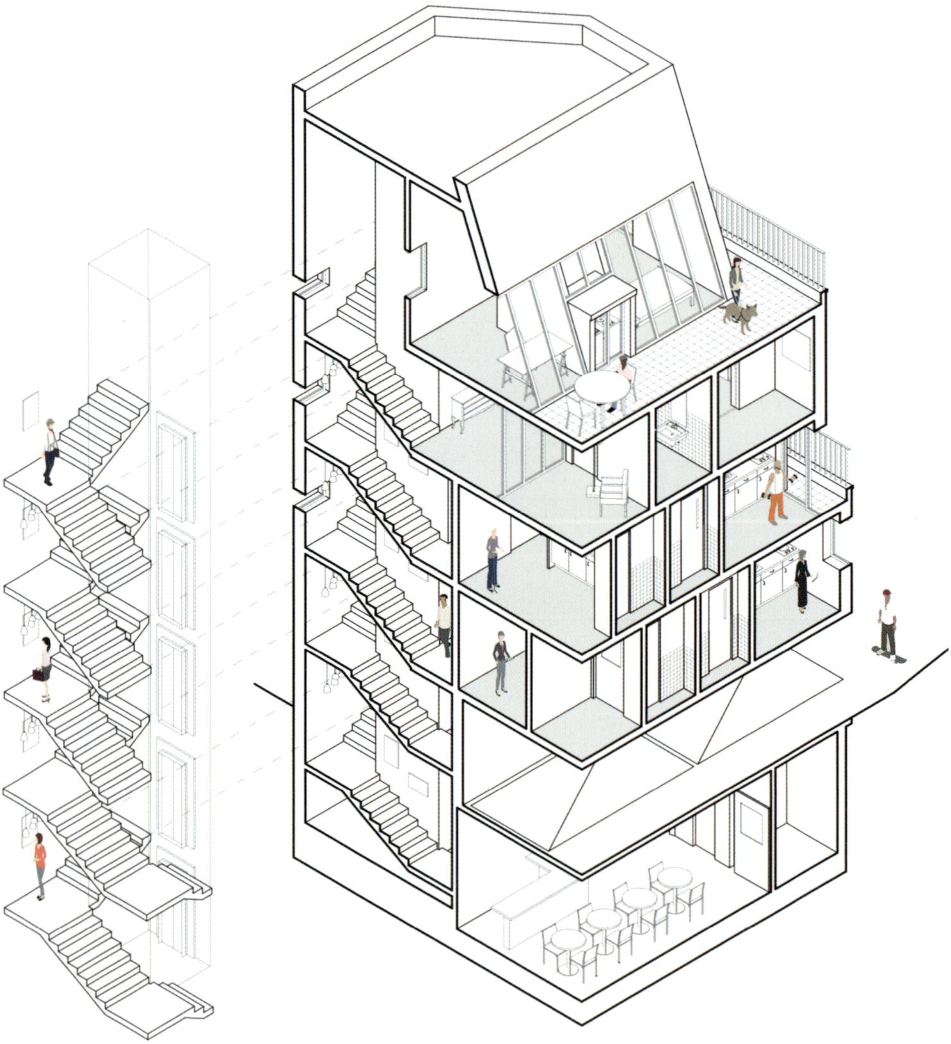

단면 다이어그램

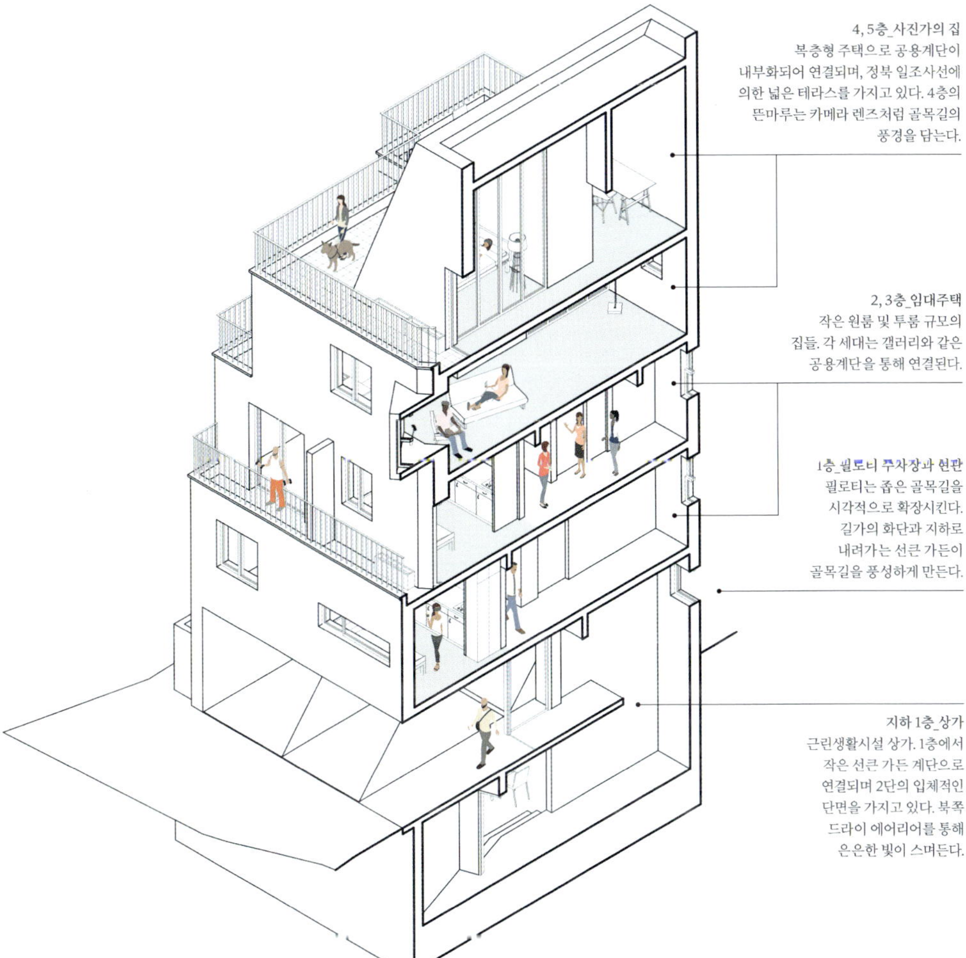
4, 5층_사진가의 집
복층형 주택으로 공용계단이
내부화되어 연결되며, 정북 일조사선에
의한 넓은 테라스를 가지고 있다. 4층의
뜬마루는 카메라 렌즈처럼 골목길의
풍경을 담는다.
2, 3층_임대주택
작은 원룸 및 투룸 규모의
집들. 각 세대는 갤러리와 같은
공용계단을 통해 연결된다.
1층_필로티 주차장과 현관
필로티는 좁은 골목길을
시각적으로 확장시킨다.
길가의 화단과 지하로
내려가는 선큰 가든이
골목길을 풍성하게 만든다.
지하 1층_상가
근린생활시설 상가. 1층에서
작은 선큰 가든 계단으로
연결되며 2단의 입체적인
단면을 가지고 있다. 북쪽
드라이 에어리어를 통해
은은한 빛이 스며든다.

선큰 가든을 통해 자연광이 유입되는 지하

지하로 연결되는 입구

드라이 에어리어를 통해 은은한 빛이 스며드는 지하 1층 상가

필로티 구조의 1층 주차장

— **건축선보다 안쪽으로 후퇴하여 지을 경우 그만큼의 면적을 포기해야 한다. 임대 수익에도 영향을 미치는데, 건축주가 흔쾌히 동의했는지 궁금하다.**

면적을 최대한 확보하지 못하더라도 후퇴하여 짓는 게 골목길의 풍경을 위해서 좋을 것이라고 건축주에게 설명했다. 건축주도 내 의견을 존중해 주었다. 도로사선제한 개념을 일부러 적용한 곳을 제외하고는 법규 제한 범위 내에서 최대한의 면적을 확보하도록 형태를 만들고 효율성 있는 실 배치를 위해 지속적으로 스터디하였다.

— **건물을 더 높이 올리지 않은 이유는 무엇인가?**

북측 일조사선제한으로 상층으로 갈수록 면적이 좁아진다. 5층 이상이 되면 확보된 공간의 실효성이 없다. 다세대주택의 경우 주택으로 사용되는 층수가 총 4개 층(1층 필로티 주차장은 주택층에서 제외)으로 제한되어 있고, 주차대수 확보에도 문제가 있어 지상 5층으로 계획했다. 용적률 200% 지역인데, 176% 정도로 설계했다. 다만, 발코니 및 테라스 면적은 바닥면적 및 용적률 산정 연면적에서는 제외되어 실제로는 더 큰 면적의 건물로 설계되었다.

용적률은 대지 내 건축물의 바닥면적을 모두 합친 면적(연면적)의 대지면적에 대한 백분율을 말한다. 다만, 지하층 면적 등은 용적률 산정에서 제외된다.

— **도심에서 건물을 지을 때는 주차 공간을 확보하는 게 어려운 숙제처럼 보인다. 시설 면적에 따라 확보해야 하는 주차 공간의 면적도 달라지기 때문에 주차 문제가 전체 계획을 좌우하기도 한다. 이 프로젝트에서는 어떠했는가?**

소규모 땅과 건축물 계획에 있어서 주차장 확보는 가장 어려운 부분 중 하나이다. 서울시 주차장 조례에 따르면, 다세대주택은 세대당 한 대 이상을 기준으로 30㎡ 이하의 경우 세대당 0.5대, 60㎡ 이하

1. 근린생활시설
2. 홀
3. 화장실
4. 경비실
5. 선큰 가든
6. 주차장
7. 거실
8. 방
9. 복도
10. 테라스
11. 부엌
12. 서재
13. 간이주방

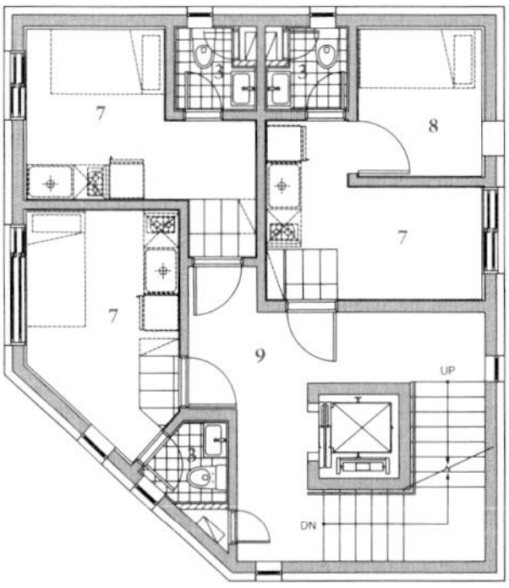

2층 평면도

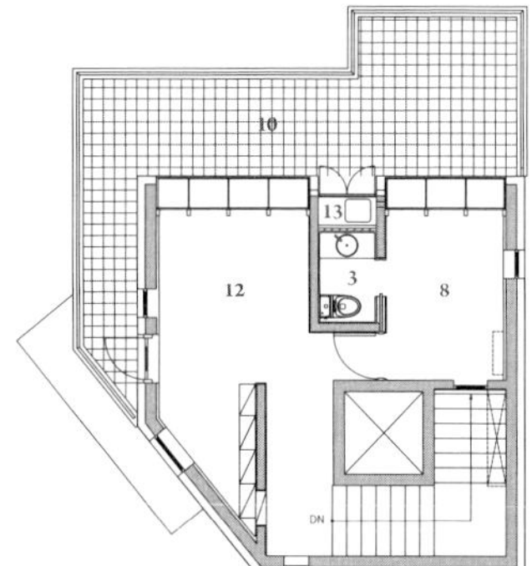

5층 평면도

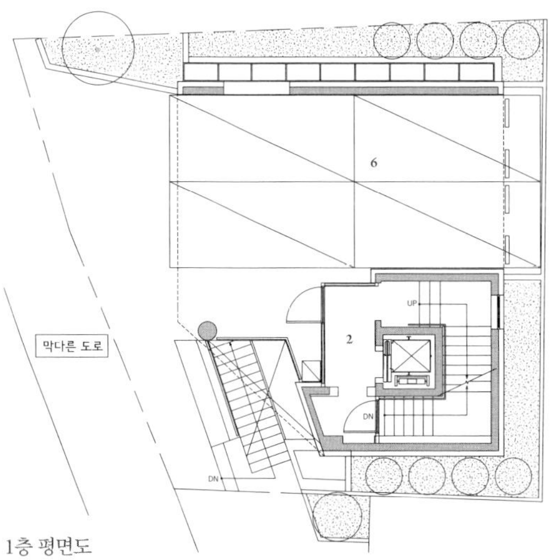

1층 평면도

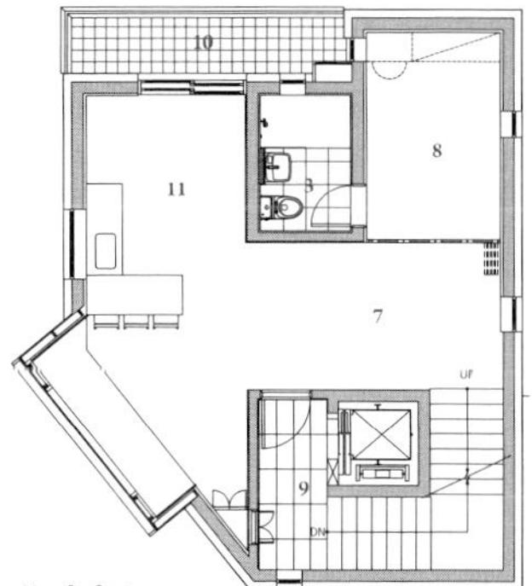

4층 평면도

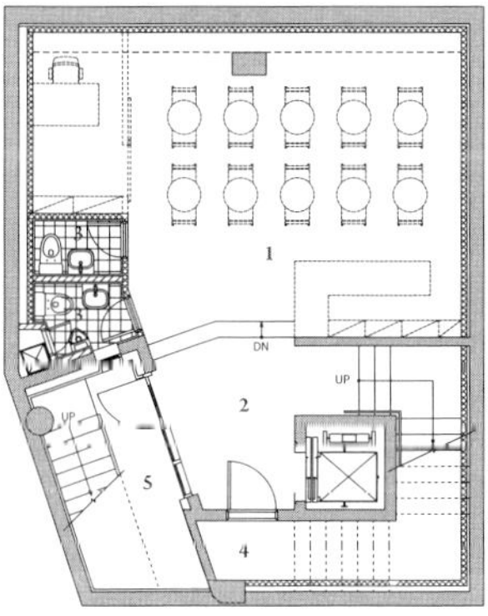

지하 1층 평면도

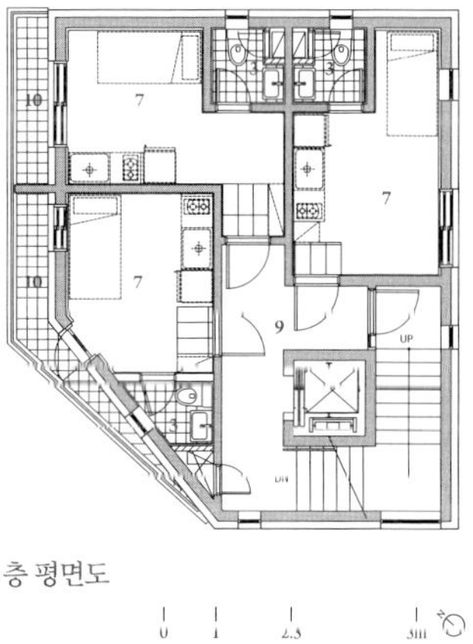

3층 평면도

의 경우 0.8대로 완화하여 주차대수를 확보하도록 규정하고 있다.

2~3층의 6개 원룸을 모두 30㎡ 이하로 계획해 3대의 주차 공간만 확보하면 되도록 만들었다(6세대×0.5대=3대). 4~5층은 전용면적이 60㎡ 이상으로 한 대를 주차할 수 있는 공간이 필요했다. 지하 1층 상가의 경우, 근린생활시설은 시설면적 134㎡당 한 대의 주차 공간이 필요하지만, 시설면적/설치기준을 계산했을 때 0.5 미만이면 주차 공간을 확보할 필요가 없다. 주차 면적을 줄이기 위해 면적이 67㎡ 이하가 되도록 계획했다. 지하 1층에 0대, 2~3층에 3대, 4~5층에 1대로, 총 4대를 주차할 수 있는 주차장을 1층 필로티 공간에 계획했다.

근린생활시설: 주택가와 인접해 주민들의 생활에 편의를 줄 수 있는 다양한 시설.

주변과 다르게 건물 외벽을 흰색으로 마감했다.

종로에서는 규모가 작은 건물(일반주거지역의 경우 3층 이상 건축물)도 심의를 받는다. 주변 건물과 조화를 이루는가도 심의 사항 중 하나이다. 주변과 조화를 이루면서 담백함을 표현할 수 있도록 흰색의 스타코플렉스stuc-o-flex를 외장 마감재료로 선택했다. 스타코플렉스는 외단열공법 시 사용하는 코팅 마감재이다. 단열재 시공 후 메시mesh를 감고 미장을 한 후 스타코플렉스를 입혔다. 스타코플렉스는 페인트로 칠하는 것보다 두께감이 있다. 신축성이 뛰어나 날씨 변화에 따라 건물이 수축 팽창하며 생기는 미세한 균열을 방지한다. 순백색의 입체적인 건축물 외벽으로 떨어지는 그림자에 의해서 시간의 변화에 따라 다채로운 표정을 줄 수 있을 것이라 기대했다. 골목길 한 켠에 세워진 캔버스가 될 수도 있겠다.

스타코플렉스: 아크릴 소재로 폴리머라는 중합물의 일종인 탄성중합 아크릴 마감재. 탄성력과 통기성이 좋으며, 단열재와 함께 외단열공법으로 마감되어 공사비가 비교적 저렴하다. 줄눈없이 평활한 마감이 가능하여 심플한 건축 디자인에 잘 어울린다. 최근에는 화재 확산 문제로 난연 소재의 단열재와 함께 시공되기도 한다.

외단열공법: 건물 외벽의 바탕면에 단열재를 고정해 단열층을 두는 공법.

미장: 벽이나 천장, 바닥에 흙이나 회plaster, 시멘트 따위를 바르는 일.

필로티와 테라스, 돌출창으로 구성된 외관

건물 입면의 카메라 렌즈 모양은 의도한 것인가?

디자인에 있어서 건축주에게 특별한 요청을 받은 적은 없다. 처음에는 스케일을 고려하지 않고 스케치를 했다. 사진가의 집이라고 생각하며 스케치를 하다 보니 그런 직접적인 형태가 자연스럽게 나온 것 같다. 하나의 위트였다. 건축주도 재미있게 생각하고 마음에 들어하셨다.

골목길의 다양한 풍경을 채집하는 하나의 줌 렌즈를 떠올렸고, 설계하면서 이 부분을 공간으로 풀었다. 골목길과 하늘을 향해 살포시 떠 있는 이 돌출된 매스가 마을에는 새로운 이정표가 되고, 내부에는 빛과 풍경을 채집하는 열린 창으로써 '뜬 마루' 공간이 되도록 계획하였다. 이 공간은 내부에서 응접 및 휴게공간으로 사용된다.

계단실을 갤러리처럼 만들려고 한 것 같다.

다세대주택을 설계할 때는 꼭 필요한 공간 외에 다른 건축적 공간을 넣을 수 있는 여유가 없다. 계단이 집에 가기 위해 오르내리기만 하는 곳이 아닌 재미있는 공간이 되었으면 했다. 건물 안으로 들어와 계단을 오르면서도 골목길을 거니는 것 같은 느낌을 받기 바랐다. 엘리베이터를 중심에 두고 계단을 돌아 오르게 만들고, 높낮이가 다른 창에 주변의 소소한 풍경이 액자처럼 담기게 했다. 벽체를 노출 콘크리트로 마감하고 건축주의 사진도 걸어두어 갤러리 같은 공간으로 만들었다.

원룸을 설계하면서 특별하게 신경 쓴 점이 있나?

원룸의 출입문 옆으로 호실 번호가 적혀 있는 나무 문패를 볼 수 있다. 문패를 보며 자기만의 공간이라는 느낌을 받을 수 있게 건축

엘리베이터를 중심에 두고 계단을 돌아 오르게 만들었다.

선숙수의 사진을 걸어 갤러리처럼 조성한 계단실

출입문 옆에 호실 번호를 적은 나무 문패를 설치했다.

주가 직접 설치했다. 내부는 무난한 장판과 벽지로 마감하고 가장 기본적인 빌트인 가구를 설치했다. 천장에는 간접 조명을 설치했다. 특이점이라면 작은 원룸임에도 불구하고 발코니를 계획하여 숨통을 틔워 주려 한 것이다.

광원에서 나온 빛을 천장이나 벽에 부딪혀 확산된 반사광으로 비추는 조명 방식. 효율은 떨어지지만 그늘짐이나 눈부심이 없고 조도분포가 균일하여 차분한 분위기를 연출할 수 있다.

— 대개 원룸에는 발코니가 없지 않나?

발코니는 바닥면적에 산입이 안되면서 확보할 수 있는 공간이다. 주택의 경우 서비스 면적인 발코니를 확장하여 확장형 발코니 개념으로 사용할 수 있어, 대부분 발코니가 설계된다. 다만 확장형 발코니로 시공되므로 외부로 개방된 발코니처럼 보이지 않는 것뿐이다. 이 건축물의 경우 발코니를 실내화하지 않고 실제 발코니의 의도에 맞게 실내와 실외를 연결하는 완충공간으로 설계했다. 최소한의 면적으로 계획한 원룸은 효율성은 좋을지 모르나, 그곳에 거주하는 사람들은 답답함을 느낄 것 같았다. 답답함이 불안함으로 바뀌고, 사회 문제로 확대될 수 있다고 생각했다. 발코니는 외부와 통할 수 있는 작은 공간으로, 심리적 불안감을 해소하기 위한 공간이다.

— 공사를 진행하다 보면 예상치 못했던 일이 벌어지는 게 부지기수다. 예상했던 공사비 안에서 시공하는 데 문제는 없었나?

상가는 바닥을 콘크리트로 마감하는 것으로 마무리되기도 하지만 주택은 다르다. 대부분 온돌과 보일러를 설치한다. 원룸은 설치해야 하는 것들이 더 많다. 빌트인 가전과 가구가 기본으로 들어간다. 상황이 그렇다 보니 요즘에는 임대용 주택 공사비로 평당 600~700만 원 정도가 최소라고 이야기한다.

지금 생각해 보면 이 프로젝트는 평당 650만 원으로 공사비를 책정해야 했다. 지하층이 있으면 공사에 더 많은 비용이 든다. 더군다나 동숭동은 낙산과 이어지는 길목으로 집터에 암반이 있었다. 공사 과정이 까다로울 수밖에 없다. 그럼에도 불구하고 평당 500만 원으로 예산을 잡고 시작했다. 한 시공사에서 타이트하게 운영하면 평당 500만 원으로도 시공이 가능하다고 제안했다. 지난한 과정을 거쳐 건물은 완성됐지만 완성도는 다소 기대에 미치지 못했다. 시공사가 중간에 바뀌고 공사 기간이 늘어지면서 문제가 발생했다. 그 과정에서 공사 비용도 평당 600만 원 이상으로 상승했다. 초기에 적정 공사비를 책정해 안정적으로 진행하는 것과 공사를 하면서 비용을 추가하는 것은 그 결과가 엄연히 다르다. 처음부터 적절한 시공비를 책정해 시공했다면 실력이 더 좋은 시공자에게 공사를 맡기거나 더 좋은 자재를 사용할 수 있었을 것이다. 시공사 변경과 공사 지연, 그로 인해 비롯된 문제들로 공사 비용이 상승했기 때문에 최초 예산보다 많은 비용이 지출되었음에도 불구하고 기대했던 결과물을 얻기는 어려울 수밖에 없었다. 건축주와 설계자 및 관계된 모든 사람들이 마음고생을 했다.

무난한 장판과 벽지로 마감하고 간접 조명을 설치한 원룸

거실과 주방 및 식당, 안방으로 구성된 4층

내부화된 공용계단이 4층과 5층을 연결한다.

경사진 형태의 벽체를 유리 커튼월로 설계한 5층 공간

수익을 기대하며 주택을 짓는 경우 집을 짓기 전에
투자 비용과 수익성을 고려해야 한다.
건축가에게 자문을 구하면서 면밀하게
사전 검토하고 자금 계획을 수립해야 한다.

설계비는 얼마였나?

자금 사정이 여유롭지 않았기 때문에 처음 제시했던 설계비보다는 조정된 설계비로 진행하였다. 건축심의까지 받아야 하기에 충분하지 않은 비용이었지만 사무실과 현장이 가까웠고 땅이 재미있어서 기꺼이 건축주와 함께하기로 했다. 프로젝트가 끝난 지금 돌이켜보면 최소 4천만 원이 적정 설계비로 생각된다. 실제 건축심의도 한 번에 통과되지 못하고 재심의가 거듭되었다. 종로라는 지역의 특수성 때문에 건축주가 요구하는 사항을 관철시킨 설계안을 한 번에 승인받기는 어려웠던 것 같다. 돈을 보고 설계하지는 않지만 어려운 땅에 설계를 하다 보면 늘 설계비는 모자라다. 설계라는 것이 계획이기에 늘 어려움에 직면하고 어렵게 마무리된다. 초기에 적정 설계비를 어떻게 책정해서 건축주분들께 제안드릴지 늘 고민스럽다.

건축주는 건물에 만족하는가?

건축주는 개인 사정상 이 집에 실제 입주하지는 않으셨다. 지금 4~5층에 거주하고 계신 분은 이 집이 다 지어지길 기다렸다가 들어오셨다. 대학로에서 이렇게 설계된 집을 찾기 어려웠기 때문이 아닌가 싶다.

주변 여건이 좋지 않은 곳에서 비교적 건물을 잘 앉혔다는 평가를 받았다. 공사 중간에 민원을 제기하셨던 분들도 건물이 지어진 후에는 호의적인 반응이었다. 주변에서 일반적인 집 같지 않고 회사의 사옥처럼 보인다며 건축주에게 동네에 예쁜 건물을 지어줘서 고맙다는 인사를 했다고 한다. 건축주도 주변의 좋은 평가를 받고 어느 때보다 흐뭇해 하시며 고맙다는 인사를 하셨다. 그럼에도 시공사를 잘 선정해서 진행했다면 지금보다 더 좋은 퀄리티의 건물을 만들 수 있지 않았을까 하는 아쉬움이 남는다.

수익을 기대하며 주택을 지을 때 가장 먼저 고려해야 하는 것은 무엇인가?

건축주라고 해도 모두 자기 돈으로만 건물을 짓는 사람은 드물다. 적정 임대 수익을 기대하면서 대출금을 갚으려면 집을 짓기 전에 시공단가와 같은 투자 비용과 수익성을 고려해야 한다. 건축가에게 건축에 대한 자문을 구하면서 면밀하게 사전 검토하고 자금 계획을 수립해야 한다. 최근에는 주거 품질에 대한 만족도의 기준이 높아져서 단순히 짓는 건물은 임대 자체가 안되는 경우도 많다. 충분한 설계 기간을 가지고 거주 환경의 질을 높이는 설계가 필요하다.

소위 집장사가 아닌 건축가에게 설계를 맡겼을 때 기대할 수 있는 것은 무엇인가?

공간의 질이다. 건축가에게 맡기면 집장사에게 짓는 것보다 더 많은 비용이 들 수도 있다. 공간의 질을 높이기 위해 세밀히 하는 과정에서 비용이 더 발생할 수밖에 없고 공간 자체도 달라지므로 시공비가 상승하기도 한다. 그러나 투자한 비용만큼 만족도도 높아질 것이다. 어느 집이건 지어진 이후에는 몇십 년에서 몇백 년까지 그 땅에 존재 집을 설계하면서 가장 중요하게 생각하는 것은 집에 살 사람들이 '어떻게 살기 원하는가'이다. 저마다 생각이 다르기 때문에 건축주와 많은 이야기를 나눈다.

하여 거주자 및 주변에 영향을 미치므로 좋은 건축가를 찾는 노력이 필요하다.

—— 집을 설계하면서 가장 중요하게 생각하는 것은 무엇인가?

집에 살 사람들이 '어떻게 살기 원하는가'이다. 거주자들을 가장 먼저 생각한다. 저마다 생각이 다르기 때문에 건축주와 많은 이야기를 나눈다. 어느 한 쪽의 의지가 많이 개입되면 '내 집이냐 네 집이냐'하면서 오해가 생기고 조율이 어려워진다. 사용자의 편의 역시 중요하게 생각한다. 사용자의 신장에 맞춰 싱크대 높이를 조절하고, 물이 튀는 정도까지 세심하게 보려고 한다. 현관에 방풍실이 없을 때 어떤 문제가 있는지, 빨래는 어디에 말릴 것인지, 어떤 보일러가 효율이 좋은지 등의 문제도 살핀다. 오랜 기간의 경험치가 없으면 할 수 없는 일이다. 수납 공간도 가장 신경을 많이 쓰는 부분 중 하나이다. 우리나라의 경우 여름과 겨울의 온도차가 극심하여 단열, 결로 문제 및 여름철 장마 시 방수 문제 등 기술적으로 고려해야 할 것들이 만만치 않다. 비가 새지 않아야 하는데 정말 쉽지가 않다. 한걸음 더 나아가 건축적으로 느껴지는 감흥을 주고자 한다. 그것은 대단한 것이 아닌 창을 하나 내는 것에서부터 시작된다고 생각한다.

—— 건축과에 들어가 가장 먼저 설계하는 건물이 주택이다. 가장 기본이지만 어려운 게 주택 설계인 것 같다.

주택 설계는 건축가에게 가장 기본이 되는 설계이다. 주택을 설계하는 건축가들은 대단하다고 보면 된다. 높지 않은 설계비를 받으면서 일년내내 끌려다니는 일이 다반사다. 자칫 잘못하면 고난이 시작된다. 단순한 공간은 누구나 잘 설계할 수 있을 것이다. 관공서나 오피스 건물은 가이드라인이 분명하고 한시적으로 머무는 공간이라 오히려 작업이 수월하다. 주택은 다르다. 누군가의 24시간을 책임지는 것이기 때문이다. "5cm의 치수를 생각하지 못하는 사람은 주택을 설계할 수 있는 역량이 없다"는 말이 있다. 주택에서 화장실을 떠올려 보자. 욕실 슬리퍼가 매번 문에 걸리는 불편함은 절대 해소되지 않는다. 작은 치수 때문에 불편을 느낄 수 있는 게 주택이다. 어떤 프로젝트보다도 세심함이 요구된다. 물론 나도 간혹 놓치는 부분이 있다. 그런 실수를 하지 않기 위해 매 프로젝트에 신중을 기한다.

—— 추구하는 건축이 있나?

담백한 건축을 추구한다. 담백한 것은 단조로운 것과는 다르다. 담백하되 지루하지 않은 건축을 하려 한다. 영혼이 담겨 존재감이 느껴지는 건물을 만들고 싶다. 쓸데없이 복잡한 건물은 그만큼 많은 정보를 표현하고 있는 것이라 생각한다. 그러한 건물에는 사람이 개입할 여지가 없다. 반면 개체가 하얀 벽이면 많은 생각을 할 수 있다.

이 건물은 많은 말을 하고 있지는 않다. 말을 적게 하면 보는 사람이 개입할 여지가 생긴다. 쉽게 질리지 않으며 시간을 두고 지켜보면 소소한 아름다움이 느껴진다. 건축가가 의도한 생각과 실제 거주하는 사람들의 생각이 겹쳐지거나 새롭게 생성되기도 할 것이다. 이렇듯 서서히 스며들듯 좋은 공간으로 체험되는 건축이 좋은 건축이라 생각한다.

돌출 창마루 내부 전경

로디자인

+

L'EAU는 '물'을 뜻하는 프랑스어로, 'Laboratory of Environment, Architecture, Urbanism'을 의미한다. 로디자인은 도시와 환경 그리고 건축을 축으로 하는 미래 지향적 문화 생산자이고자 한다.
로디자인 도시환경건축연구소는 도시, 환경, 건축의 통합적인 사유를 연구하고 실험하는 그룹이며 소통의 장이다. 인간의 삶의 질을 형성하는 사회적, 문화적, 자연적 환경 등 다양한 관계망을 건축적으로 재구축하기 위해 Architecture and Urbanism, Renovation and Interior design, Environment design 개념의 토털 디자인을 추구한다.

leau.co.kr

수서 유유자적

설계 김동진(홍익대학교), ㈜로디자인

설계담당 윤지혜, 윤유리

위치 서울특별시 강남구 수서동 467-9

용도 단독주택

대지면적 324m²

건축면적 184.85m²

연면적 244.87m²

규모 지상 3층

구조 철근콘크리트구조

외부마감 시멘트모노타일, 럭스틸, 스타코, 방킬라이

시공 마루건설

구조설계 SDM 구조기술사사무소

기계전기설계 성신설비, 극동전기

감리 익성 종합건축사사무소, ㈜로디자인

설계기간 2016.7~2017.2

시공기간 2017.3~2017.12

건축주 최홍산

자료제공 ㈜로디자인

사진 신경섭

거주자 부부와 딸

건축주의 직업 사업가

특별 주문 사항 오랫동안 가꾸어 온 소나무를 그대로 보존하면서 색다른 형태의 집을 짓고 싶다.

*2019 강남구 아름다운 건축상 '대상' 수상작

—— **건축주의 요구는 무엇이었나?**

건축주는 대모산의 끝자락 수서동에 오랫동안 자리잡고 살아왔다. 집 옆의 산을 정원처럼 활용할 수 있는 훌륭한 자연을 배경으로 가진 집이었다. 시간이 지나면서 새 집의 필요성을 느낀 건축주는 설계를 의뢰해 왔다. 건축주의 바람은 오랫동안 가꾸어 온 소나무 세 그루를 그 자리에 그대로 보존하면서 색다른 형태의 집을 짓는 것이었다.

—— **원래 심어져 있던 나무를 그 자리에 보존하면서 현재의 형태에 이르기까지 디자인 과정이 궁금하다.**

건축주는 특별한 형태의 집을 원했지만 형태를 먼저 정해놓고 작업하지는 않았다. 대지를 보면 첫인상에서부터 그 땅에 어울릴 것 같은 또는 표현하고 싶은 형태가 떠오르는 경우가 있다. 하지만 땅이 이미 가지고 있는 조건과 사용자가 진정으로 원하는 요구사항들이 처음부터 쉽게 파악되는 경우에는 설계 과정에서 그로 인한 선입견을 제어하는 것이 중요하다. 그때는 이성적인 논리가 작업 과정에서 과도하게 작동되기도 한다.

대부분의 디자인 과정에서 다양한 조건이나 조각나 있는 텍스트들을 모아 프로그램화 하는 다이어그램 과정이 그리 쉽지만은 않다. 이 집의 설계 과정은 의외로 물 흐르듯 자연스럽게 진행되었다. 그럴 수 있었던 가장 큰 이유는 물리적 조건인 소나무를 피해 건물을 세우는 단순하지만 큰 목표가 있었기 때문이다. 내부 프로그램 구성에 대한 의견이 초기에 모아진 것도 한몫했다. 외부 공간 활용을 고려해 가족 구성원들의 방을 배치하는데 세 개의 볼륨을 적층하기로 방향을 잡았다. 프로젝트의 제목처럼 주택의 형식을 만드는 과정이 '유유자적'하게 이루어졌다. 덕분에 세 개의 볼륨이 어떻게 주변 환경과 반응하면서 동시에 그 내부 조직 간의 연계를 이룰 수 있는지 적층 방식 스터디에 더욱 집중할 수 있었다. 적층된 공간 볼륨으로 인해 내부를 관통하는 동선과 외부 테라스와 접하면서 연계되는 외부 동선이 자연스럽게 흐르는 구조가 되었다. 개성 있는 형태를 찾던 건축주에게 만족스런 결과가 나와 다행이다.

프로젝트 이슈 다이어그램

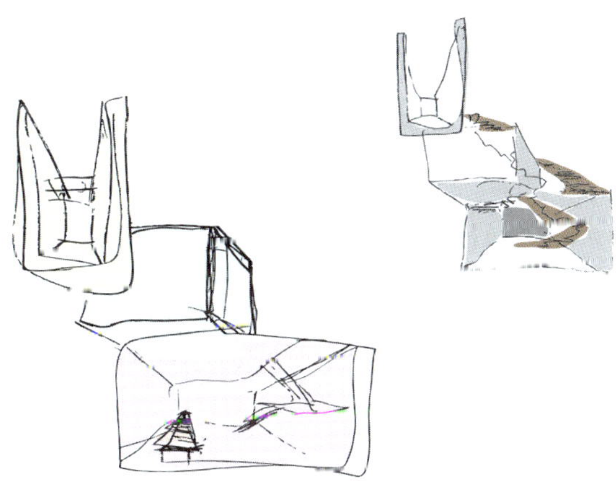

적층 형식 스케치

1. 기존 소나무 유지

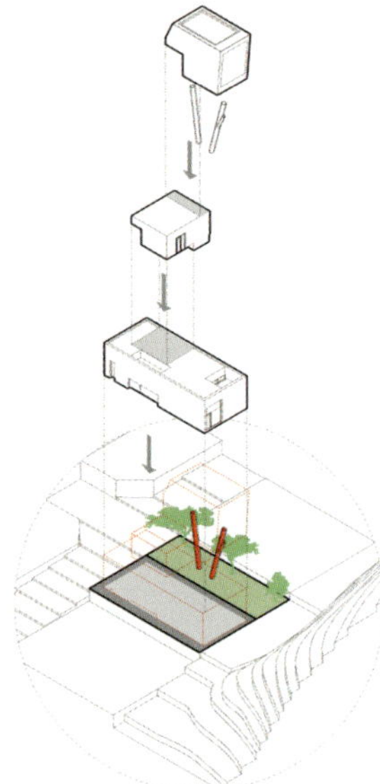

2. 수직적 중첩 쌓기

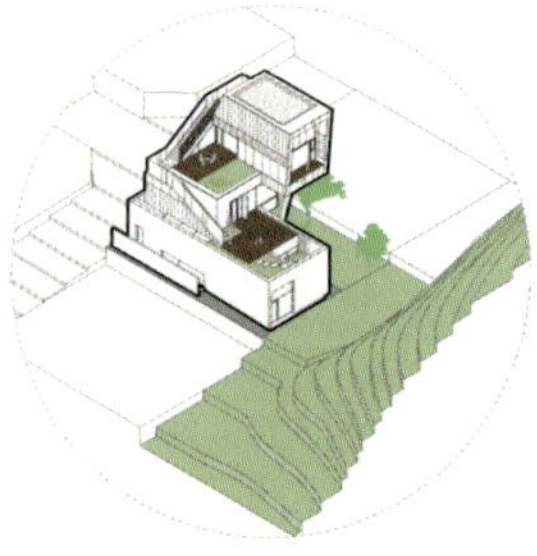

3. 풍경효과

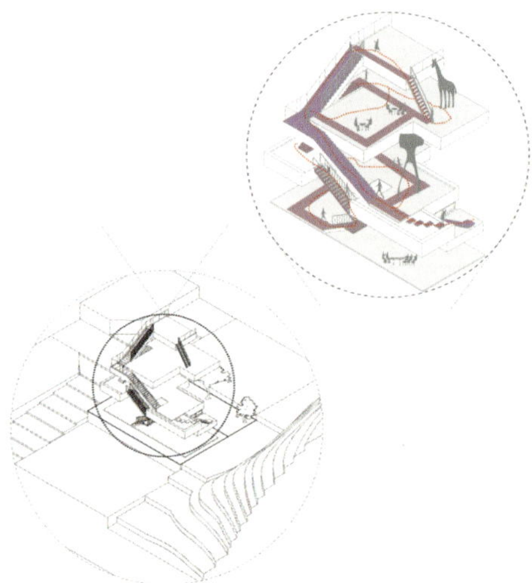

4. 서스펜스 시퀀스

디자인 프로세스 다이어그램

— **맥거핀Macguffin 개념을 이용해 설계를 발전시켰다고 들었다.**

맥거핀이란 일종의 헛다리짚기 장치로 영화에서 중요한 것처럼 등장하지만 실제로는 줄거리와 전혀 상관없이 관객들의 주의를 분산시키기 위해 사용하는 속임수를 말한다. 이러한 장치는 해석의 다양성과 상호주관성intersubjectivity을 존중한다. 원래의 의도를 방해하는 것 같지만 더욱 풍부하게 만드는 무엇이다. 감독은 자신의 메시지를 분명히 던지는데, 관객들은 그것에 대해 저마다 해석을 내놓는다. 예를 들어, 감독에게 어떤 장면을 왜 넣었는지 어떤 옷을 왜 입었는지 물어보면 왠지 그래야 할 것 같았다고 이야기하는 경우가 있다. 관객들은 그렇게 넣은 한두가지 요소들에 대해 여러가지 시각으로 많은 해석을 내놓는다. 어떤 메시지를 숨겨놓는 것도, 그것을 찾고 다르게 해석하는 것도 재미가 있다. 맥거핀을 이용해 사용자 스스로 몰입과 이완을 통해 공간을 만들어 가도록 하려 했다.

— **이 집에서 맥거핀 장치 역할을 했던 것이 소나무가 아니었나 싶다.**

그렇다. 소나무를 그대로 보존해야 했기에 어려움도 있었지만 소나무가 없었다면 이러한 형태가 도출되지 않았을 것이다. 건축주는 길가에서도 산의 풍광을 볼 수 있도록 뷰가 열려 있길 바랐는데, 소나무로 인해 산을 향한 뷰가 막히지 않고 열릴 수 있었다.

— **형태와 규모 때문인지 주변 건물과는 다른 느낌을 받았다. 주택 설계를 할 때는 주변에 사는 이웃을 염두하지 않을 수 없지 않나?**

오랫동안 이 지역은 2층 규모의 주택이 들어서 있는 주택가였다. 현재 옆집이 높지 않아 이 집이 상대적으로 커 보일 수 있지만, 이 집은 3층집이다. 주변으로 규모가 큰 근린생활시설들이 들어선다

소나무로 인해 길가에서도 산을 향한 뷰가 막히지 않고 열릴 수 있었다.

면 큰 변화가 생길 것이다. 도심 속 주거지가 변화함에 따라 용적률을 꽉 채운 큰 규모의 근린생활시설 건물이 차츰 들어서고 있다. 이러한 현상을 막을 수는 없다. 이는 강남의 도심에서 일어나는 젠트리피케이션gentrification 현상만 보더라도 알 수 있다. 단순히 건물의 규모나 높이에 대해서만 고민해서는 안된다. 주거지역에 상업적 시설들이 많이 들어서더라도 거주민들이 함께 공생할 수 있도록 주거지의 점차적이며 자발적인 대응이 필요하다.

낙후된 구도심 지역이 활성화되어 중산층 이상의 계층이 유입됨으로써 기존의 저소득층 원주민을 대체하는 현상을 가리킨다.

주변은 수시로 변하기 때문에 컨텍스트에 대해서 현재의 물리적 조건만을 맞추는 것은 최선이 아닐 수도 있다. 마을에서 이 건물이 장차 어떤 역할을 해야 하는지 고민해야 한다. 땅이 가진 가치를 각자 찾아나갈 때 비로소 이타적인 집짓기가 실현될 것이다.

이 주택을 설계할 때는 주변에 있는 주택들의 스케일을 고려했고 주변과 잘 어울릴 수 있는 재료가 무엇일지 고민했다.

— 각각의 볼륨을 다른 재료로 마감했다. 각기 다른 공간의 성격을 드러낸 것인가?

각기 다른 내부 공간의 성격이 밖으로 드러나길 바랐다. 건물을 한 가지 색으로 입히지 않고 각각의 볼륨을 다른 재료로 입혔다. 가족 공동의 공간인 거실과 부엌이 있는 1층은 지면과 맞닿아 있기 때문에 땅과 어울리도록 시멘트 벽돌을 사용해 마감했다. 부부를 위한 공간인 2층은 흰색 벽으로 마감했다. 딸을 위한 공간인 3층은 주변 집들에 비해 너무 도드라지지 않도록 어두운 색의 금속 재료와 유리로 마감했다. 저녁에는 이 유리를 통해 내부의 빛이 새어 나와 마치 건물이 공중에 떠 있는 듯한 느낌을 준다.

— 가족 구성원들의 직업이나 취미에서 기인한 특별한 요구사항이 있었나? 그에 따라 어떻게 공간을 구성했는가?

남편의 취미는 스포츠카 운전이다. 자동차를 좋아하는 남편을 위해 차고의 한쪽 벽을 유리로 마감하고 유리를 통해 거실에서 언제든 자동차를 볼 수 있게 만들었다. 차고를 마치 전시장처럼 만들어 집 내부의 거실과 연계시켰다.

원예학을 공부한 딸의 공간은 복층으로 계획했다. 아래층은 재택근무를 하는 공간이고, 위층은 침실이다. 꽃밭을 가꾸고 일도 하면서 편히 쉴 수 있도록 외부와 연결했다. 방은 산을 향하는데, 자연을 내부로 끌어당기는 듯한 단독적 뷰를 가진 매스로 만들었다.

차고의 한쪽 벽을 유리로 마감하고 유리를 통해 거실에서 언제든 자동차를 볼 수 있게 만들었다.

조경에 관심이 많은 가족들을 위해 각자의 방에서 정원을 볼 수 있게 계획했다. 자연이 좋다고 해서 모든 부분을 산을 향해 열어 두기보다 자연을 적절히 이용하는 방법을 택했다. 대모산의 자연이 각자의 공간에 스며들도록 모든 방에 서로 다른 테마의 입체적인 테라스를 만들었다. 외부와 내부가 연계될 수 있게 하면서 다른 프레임 안에서 다른 느낌으로 자연을 볼 수 있게 하기 위함이다. 모든 테라스는 계단을 통해 연결되는데, 계단을 오르내리며 테라스를 거닐면 산책하는 느낌을 받을 수 있다. 기존 환경에 적응하며 형성된 집은 자연스럽게 주변을 끌어들여 풍경작용scenery effect을 만들어 낸다.

풍경작용은 집이 주변과 관계를 맺게 해주는 직접적 통로로, 집이 창을 통해 주변을 하나의 풍경화처럼 만들어 내는 것이다.

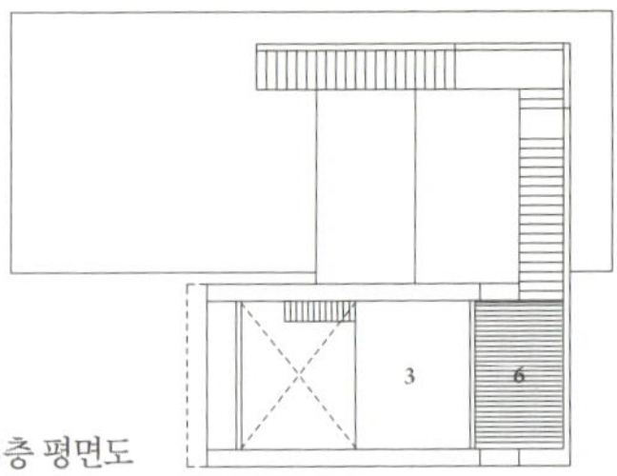

4층 평면도

1. 거실
2. 마스터룸
3. 침실
4. 화장실
5. 부엌
6. 데크
7. 차고
8. 입구
9. 드레스룸
10. 창고

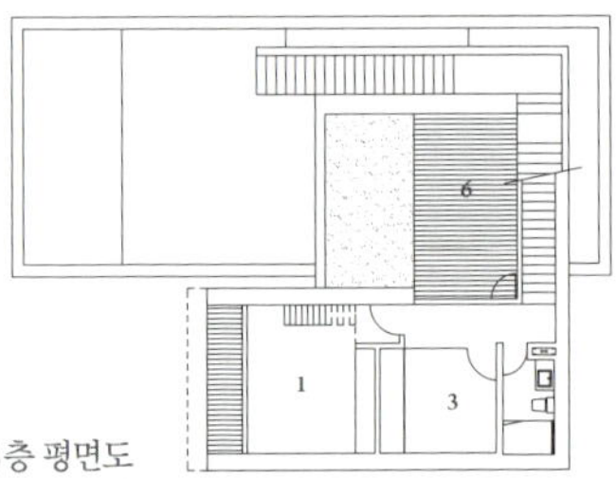

3층 평면도

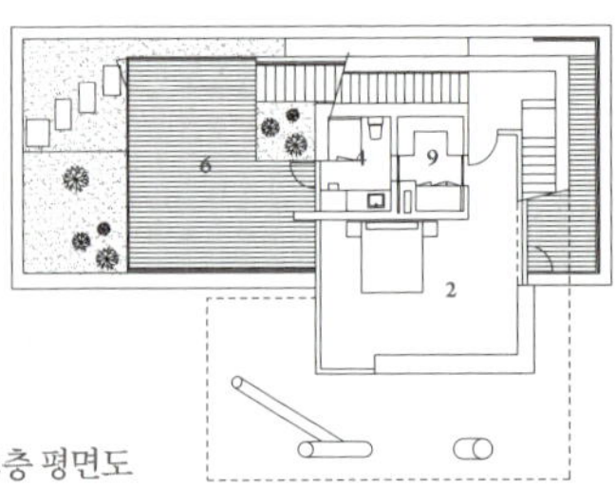

2층 평면도

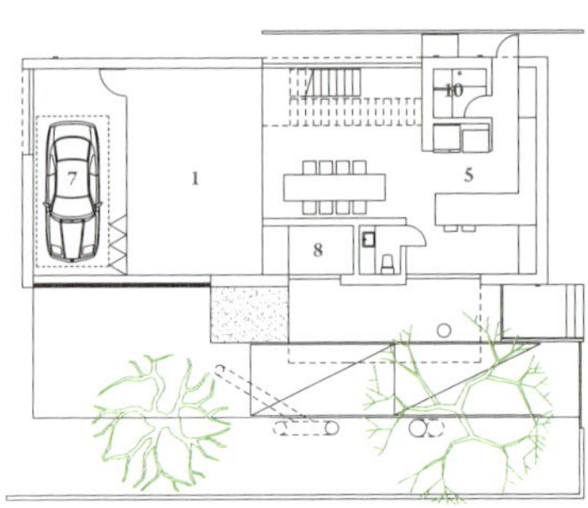

1층 평면도 0 1 2.5 5 10m

딸의 공간은 복층으로 계획했다. 꽃밭을 가꾸고 일도 하면서 편히 쉴 수 있도록 외부와 연결했다.

— 유유자적이란 이름은 여기에서 기인한 것인가?

우리는 이성적인 놀이를 추상적인 형태로 비유한다. 그 안에는 다양한 메타포metaphor가 숨겨져 있다. 구성원 개개인의 개성은 이질적인 볼륨들로 비유되고, 대모산의 자연은 자연스럽게 스며들어 각 층의 조경으로 은유된다. 시적인 메타포를 유유자적流留自積으로 표현했다.

유: 流(흐를 류), 유: 留(머무를 유), 자: 自(스스로 자), 적: 積(쌓을 적)

— 이 주택이 주변에 어떤 영향을 끼칠 수 있을까?

동네를 대표하는 보편적인 정답을 찾는 것이 아니라, 나만의 집을 지으면서 그 땅이 가진 의미를 찾아주는 역할을 하면 주변 사람들이 영향을 받는다고 생각한다. 의미 있는 장소를 만들어 가는 것을 보여주면 그러한 것들은 전염되듯 주변으로 옮겨간다. 나는 그것이 퍼-텍스트per-text라고 생각한다. 컨텍스트가 텍스트를 갖고 주변과 물리적으로 맞춰가는 개념이라면, 퍼-텍스트는 각자 자기 텍스트를 만드는 것이다. 각자의 텍스트를 만들고 그것을 해석할 수 있는 가능성을 열어주어, 이 땅에 다른 형식의 건축이 가능하고 다른 공간을 만들 수 있다는 가능성을 던져주는 것이 건축가들이 해야 할 일인 것 같다.

연천 디아스포라

설계 김동진(홍익대학교), ㈜로디자인

설계담당 주익현, 송정은, 김민지

위치 경기도 연천군 장남면 원당리 475

용도 단독주택

대지면적 1330.00m^2

건축면적 199.11m^2

연면적 199.11m^2

규모 지상 1층

구조 철근콘크리트조

외부마감 시다쉐이크, 고벽돌, 스타코플렉스, 방킬라이

시공 이에코건설

구조설계 SDM 구조기술사사무소

기계전기설계 성신설비, 극동전기

감리 ㈜로디자인

설계기간 2015. 12~2016. 7

시공기간 2016. 8~2017. 4

건축주 강경중

자료제공 ㈜로디자인

사진 신경섭

거주자 부부

건축주의 직업 사업가

특별 주문 사항 마음에 맞는 사람들과 함께 모여살 수 있는 마을의 마스터플랜을 만들어 달라.
장식을 배제한 소박한 집을 짓고 싶다.

49

이 프로젝트를 시작하게 된 계기는 무엇인가?

한번 주택 설계를 맡겼던 건축가에게는 보통 건축주들이 다시 연락하지 않는다고 농담처럼 얘기한다. 연천 디아스포라는 10년 전 내게 성북동 주택 설계를 맡겼던 건축주가 다시 설계를 의뢰해 온 프로젝트이다. 주택 설계를 의뢰하셨던 분들이 다시 작업을 맡기시거나 다른 건축주를 소개해 주시는 경우가 많다. 다행이라고 생각한다.

건축주는 은퇴 후에 전원주택에 살기 원했다. 마음이 맞는 사람들과 함께 모여 살기 위해 연천에 넓은 부지를 구입하고 본인 집과 함께 마을 전체의 마스터플랜masterplan을 의뢰했다. 이분의 꿈은 본인 집을 시작으로 더불어 살 수 있는 마을을 만드는 것이다. 하나가 된 공동체를 조율하는 촌장 역할을 하기 원했다.

마스터플랜: 프로젝트의 목적이나 목표에 따라 개요를 설정한 기본계획을 말한다.

집 한 채가 아닌 마을 공동체를 위한 큰 그림을 그린 것으로 보인다. 디아스포라diaspora라고 이름 붙인 이유는 무엇인가?

디아스포라는 '민족 분산' 또는 '민족 이산'이라고 해석되는데, 단지 같은 민족 구성원들이 세계 여러 지역으로 흩어지는 과정뿐만 아니라 분산한 동족들과 그들이 거주하는 장소와 공동체를 일컫는다.

디아스포라: 고대 그리스어에서 '~너머'를 뜻하는 '디아dia'와 '씨를 뿌리다'를 뜻하는 '스페로spero'가 합성된 단어로, 이산離散 또는 파종播種을 의미한다. 본래는 팔레스타인을 떠나 세계 각지에 흩어져 살면서 유대교의 규범과 생활 관습을 유지하는 유대인을 가리키는 말이었으나, 후에 그 의미가 확장되어 본토를 떠나 타국에서 자신들의 규범과 관습을 유지하며 살아가는 공동체 집단 또는 그들의 거주지를 가리키는 말로 사용되기도 한다.

도시 사람들은 꿈꾸듯 이야기한다. 나이가 들면 혹은 현직에서 은퇴하면 전원으로 가겠다고. 과도한 경쟁 속에 피로사회를 강요하는 도시를 떠나 대안적 삶을 고민하는 이들이 늘어나고 있다. 이로 인해 생겨나는 다양한 이주 공동체를 눈여겨볼 필요가 있다.

가령 인도의 오로빌auroville이 이념적인 부분 혹은 그 사회가 안고 있는 문제에 대해 뜻을 같이 하는 사람들의 공동체라면, 연천 디아스포라는 다른 취향과 다른 전문성을 가진 사람들이 필요에 의해 모이는 공동체이다. 이념과 관계없이 다양성을 유지하며 공존할 수 있는 공동체로, 능동적인 디아스포라라고 할 수 있을 것이다.

오로빌은 자본주의로부터 벗어나려는 시도를 하는 이상주의적 공동체다. 인도의 사상가 스리 오로빈도Aurobindo의 이상향을 구현하기 위해 세운 인도 동남부에 있는 도시이다.

마을 공동체 다이어그램

디아스포라 이미지 콜라주

— 능동적 디아스포라의 형성을 위해 건축가로서 제안한 부분이 있나?

최근 한국 사회에 단순한 귀향이나 귀농이 아닌, 새로운 삶을 위한 이주와 공동체 형성으로 인한 디아스포라가 등장하고 있다. 공동체 안의 보편성과 개개인의 다양성을 고려한 건축 형식에 대한 고민이 필요한 때다. 다름 안에서 어울림과 통일성이 있어야 한다. 배치하는 향이나 전망을 중심으로 마스터플랜을 짤 수도 있고, 같은 재료와 색을 사용해 통일성을 유지하는 방법도 있을 것이다.

연천 디아스포라에서는 그러한 기존의 방식을 사용하지 않고 구조의 틀을 만들어 DNA만 심어 넣었다. 새로운 방법으로 변화의 가능성을 열어주려 했다.

— 그렇다면 건축주의 집이 테스트 베드test bed가 되어 앞으로 이 공동체가 가져갈 구조의 틀을 제시하는 것인가?

테스트 베드: 어떤 것을 세상에 내놓기 전에 그것이 성공할 수 있을 것인지를 미리 알아보기 위해 시험적으로 적용해 보는 소규모 집단·지역·영역.

그렇다고 볼 수 있다. 다만 일률적 틀이 아닌, 다양한 요구에 대응할 수 있는 '중성적 구조'의 주거 형식을 제시하고 싶었다. 연천 오로빌에서 제시한 주거 형식은 박공지붕집이었다. 단순한 형태의 작고 소박한 집을 원했던 건축주의 요구에 따라 단일 구조의 박공지붕집을 지었다. 눈과 비가 많이 오는 지역의 특성을 고려한 선택이었다.

눈과 비가 많이 내리는 지역의 특성을 고려해 박공지붕 형태를 취했다.

철근콘크리트구조로 세우고 검은색 전벽돌을 쌓은 후 너와를 얹었다.

시간이 지날수록 색이 변하는 것이 매력적인 너와를 사용했다.

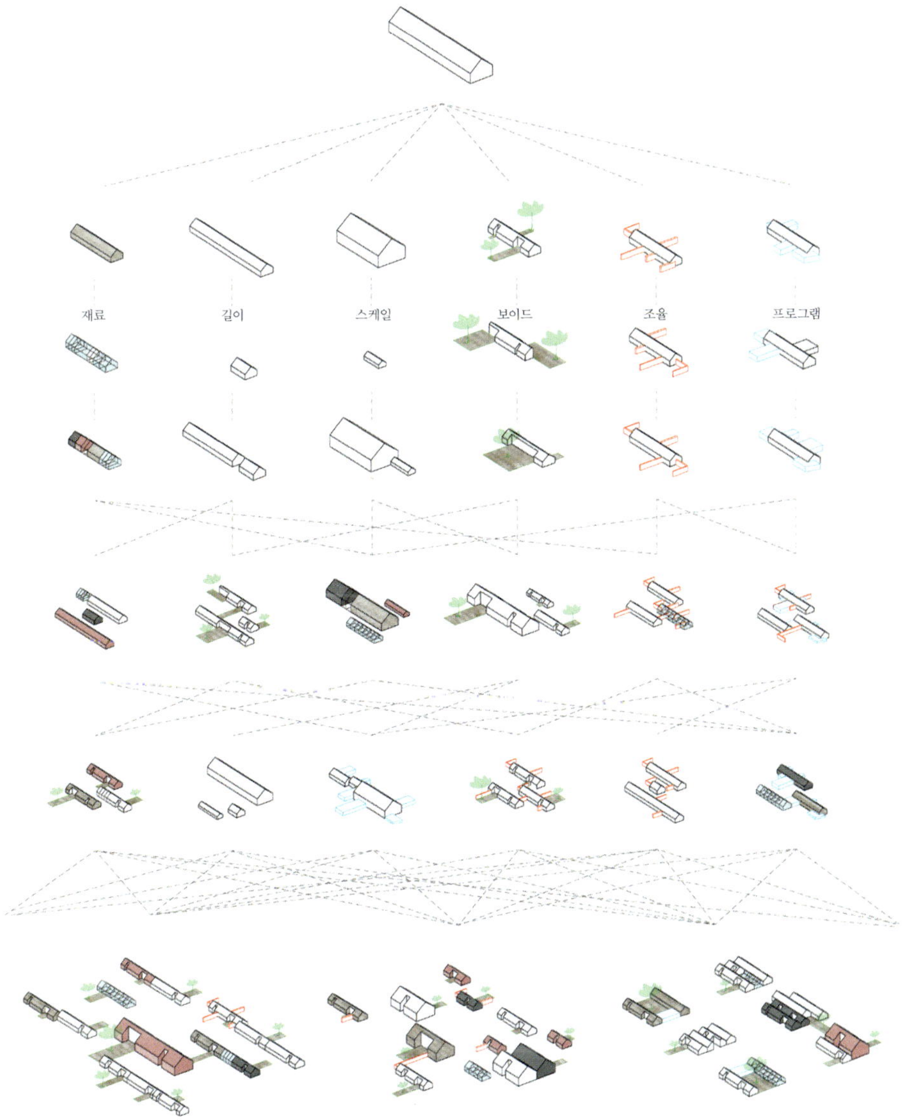

디아스포라 형성 다이어그램

공동체 구성원들은 일직선으로 뻗은 박공지붕집을 기본 틀로, 각자의 취향대로 건물을 변형하고 조합하면 된다. 규모가 달라도 상관없다. 건물의 폭과 높이, 건축 재료와 색을 달리해도 좋다. 형형색색의 건물이 들어와도 재미있을 것이다. 단, 지붕의 경사도는 같게 하여 통일성을 유지해야 한다. 건축주의 집은 검은색 전벽돌을 쌓은 후 너와를 얹었다. 너와는 시간이 지날수록 색이 변하는 것이 매력적인 재료다. 지금은 건축주의 집만 있지만 이 집을 시작으로 같은 듯 다른 개성을 가진 집들이 하나둘 모여 자연스레 마을을 이룰 것이다. 카덴차cadenza를 생각했다. 카덴차는 협주곡에서 작곡자가 연주자 임의로 연주할 공간을 비워놓아 연주자의 재량에 의탁하고 곡의 분위기와 형식이 연주자에 의해 다양해지는 것을 말한다. 추출된 구조 형식의 무한 복제는 그들의 삶을 다색적으로 발현할 '카덴차'의 가능성을 갖는다.

지붕을 이는 데 기와처럼 쓰는 재료. 보통은 목재의 자연적 나무결을 따라 쪼개어 설치하는 지붕 재료를 너와라 부른다.

— **단순한 형태의 박공지붕집인 듯 보이지만, 외벽이 외부와 일직선으로 만나지 않고 밖으로 돌출되어 있거나 안쪽으로 파고 들어가 있는 것을 볼 수 있다. 그러면서 평면이 길게 구성되어 있다.**

건축주는 구조적으로는 심플하되 자연을 느낄 수 있도록 외부와 접하는 표면이 많은 집을 원했다. 삶을 대변하는 내부공간은 각 공간의 성격을 담아내야 하기 때문에 평면적으로 복잡할 수밖에 없다. 단순한 일직선 구조를 바탕으로 부분적으로 볼륨을 덜어내어 내부 공간에 자연이 흡수되도록 하였다. 경우에 따라서는 직각으로 볼륨을 덧붙이며 스스로 증축 가능하도록 진화할 수 있는 구조 형식을 제안했다. 벽 또는 볼륨이 더해지거나 덜어내지는 요철을 통해 외부와 내부가 유기적인 관계를 맺도록 했다. 건물의 안쪽으로 움푹 들어가 세워진 외벽은 외부의 자연을 내부로 적극적으로 끌어들이는 역할을 한다. 그곳에서 외부와 내부가 만나면서 새로운 정원과 중정이 만들어진다. 자연을 향해 건물 내부에서 외부로 뻗어나가도록 세운 벽은 공간을 분리하면서 공간에 새로운 성격을 부여한다.

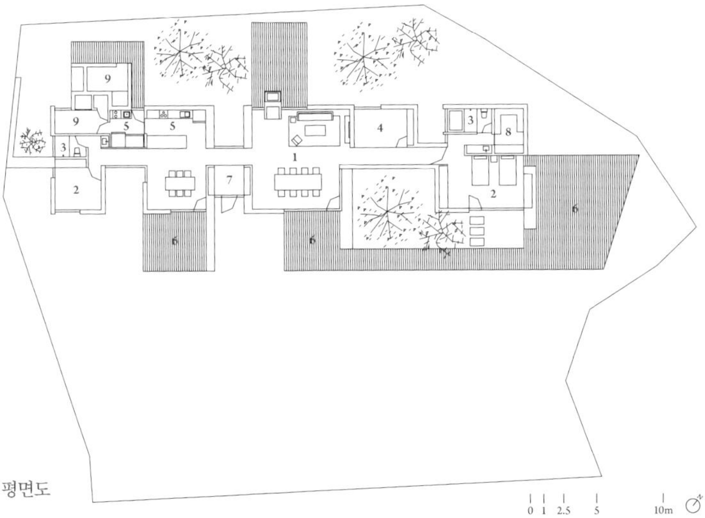

1. 거실
2. 침실
3. 화장실
4. 서재
5. 부엌
6. 데크
7. 입구
8. 드레스룸
9. 창고

평면도

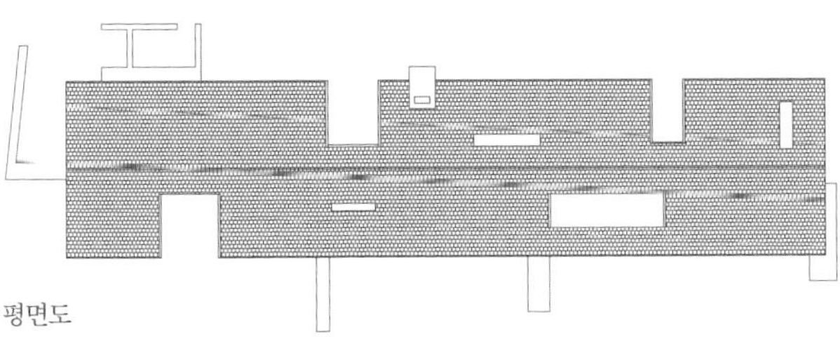

옥상 평면도

입면도

벽은 프레임의 역할도 한다. 풍경을 있는 그대로 보는 것과 프레임을 통해 보는 것은 다르다. 밖으로 나가면 바로 강이 펼쳐지는데 방에서도 같은 방향으로 창을 내어 같은 풍경을 바라볼 필요는 없을 것이다. 나만의 프레임을 만들면 나만의 뷰를 확보할 수 있고 나만의 장소를 만들 수 있다. 내부로부터 외부로 길게 내민 벽은 경관을 새롭게 만드는 프레임 역할을 한다. 우리가 공간에서 점유하는 위치에 따라 내부에서 느끼는 뷰는 완전히 달라질 수 있다.

건물의 안쪽으로 움푹 들어가 세워진 이벽은 외부의 자연을 내부로 적극적으로 끌어들이는 역할을 한다.
그곳에서 외부와 내부가 만나면서 새로운 정원과 중정이 만들어진다.

—— 사람들은 사생활을 보호받고 싶어하면서도 주변과 소통하고 싶어한다. 상반된 사람들의 욕구를 동시에 수용하기 위해 고려한 부분이 있는가?

프라이버시를 지켜야 하는 경우도 있지만 그렇지 않은 경우도 있다. 그것은 개개인마다 다를 것이다. 우리는 사생활 침해에 대한 거부감 때문에 다른 시도를 해보는 것을 꺼려하고 지금 살고 있는 구조에서 벗어나기 싫어한다. 그러다 보니 다양성이 배제되고, 공동 주택의 경우 이웃과 철저히 독립된 테라스를 가진 특정 평형대의 특정 유닛unit만이 인기가 있다.

공동체 마을 구조에서 프라이버시와 커뮤니티는 양날의 칼과 같다. 그렇다고 두 성격의 공간을 분리할 수는 없다. 하나의 영역 안에서 서로 다른 공간적 특질이 다중적으로 양립하며 공생하도록 만들어야 했다. 소통이 연계의 가능성을 높여 느슨한 관계를 만든다면, 프라이버시는 각 공간의 특이성을 찾아줌으로써 영역 간에 서로를 보호한다. 연천 디아스포라의 마을 만들기는 이 양립하는 특질의 이질적 만남을 통해 다양성을 수용하는, 새로운 공동체를 만들기 위한 긍정적인 시도였다.

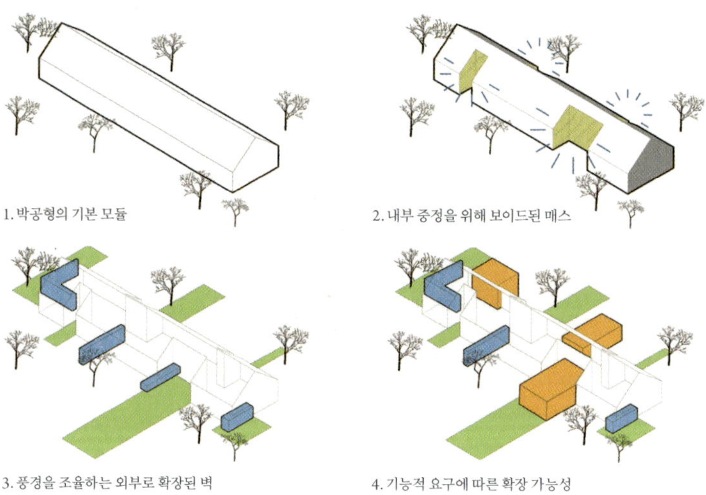

디자인 프로세스

자연을 향해 건물 내부에서 외부로 뻗어 나가도록 세운 벽은 공간을 분리하면서 공간에 새로운 성격을 부여한다.

— 양립하는 특질을 고려해 어떤 식으로 집들을 배치해 나갈지 궁금하다.

바둑판 모양으로 필지를 나눠 대지를 점유하는 방식이 아닌, 가장 좋은 향으로 집이 들어설 수 있도록 땅 모양에 맞춰 길을 내려 한다. 그렇게 되면 먼저 지어진 집에 피해를 주지 않으면서 원하는 조망을 확보하는 방식으로 하나둘씩 집이 들어설 수 있을 것이다.

건축가가 완벽하게 짜놓은 그림만이 정답이라고 생각하지 않는다. 건축가가 굳이 무엇을 할 필요가 없는 경우도 있다. 일괄적으로 똑같이 만드는 것이 어울린다고 생각할 수도 있겠지만, 그것은 전 세대 건축가들의 방식이다. 이제는 다양성 안에서 질서를 찾아야 한다. 물론 여기서의 질서는 과거에 논의되었던 답이 정해져 있는 질서와는 다를 것이다. 공동체의 일률적인 통일성을 향하기보다는 유연한 관계 속에서 장소 스스로가 발현될 수 있도록 각자의 개성이 존중될 때, 그 안에서 새로운 가치가 지속적으로 생성될 것이다.

— 내부 공간을 계획하는 데 있어 건축주의 특별한 주문이 있었나?

건축주의 이전 주택인 성북동 주택은 미술관처럼 지어달라는 남편의 주문이 있었다. 연천 오로빌은 소박한 집을 원했던 아내의 취향을 반영했다. 장식을 배제하고 차분한 현대적 감성을 반영했다. 외부의 자연환경을 내부로 끌어들이기 위해 내부로 움푹 패인 보이드 공간을 마련하고, 햇빛이 많이 드는 면을 밝은 색으로 칠해 그곳을 배경으로 내부에 빛이 머금을 수 있도록 하였다. 한가한 주말, 거실에 앉아 해가 지나가는 궤적을 바라보면 빛이 변화하며 만들어 내는 풍경과 함께 시간의 흐름을 느낄 수 있을 것이다.

햇빛이 많이 드는 면을 밝은 색으로 칠해 그곳을 배경으로 내부에 빛이 머금을 수 있도록 하였다.

— 마을 구성원들이 다같이 사용할 수 있는 공동의 공간으로 계획한 곳이 있나?

마을 입구에 건축주의 가족이 운영하는 장을 담그는 공장이 있다. 온실과 주차 공간, 운동 공간도 계획했다. 추후에 공동체 공간

을 더 크게 만들어 아이들을 위한 놀이 공간과 책방을 만들 계획이다. 지금의 구조가 이런 공간들을 만드는 데도 유리하게 사용될 것이다.

집 파트너스 건축사사무소

+

집 파트너스 건축사사무소는 "모든 건축은 집이다."라는 사람의 삶에 대한 이해로부터 시작하여 공간, 자연, 도시로 작업의 범위를 확장해가고 있다. 특히 종교건축의 사회에 대한 공공적 역할을 주제로 도시에 공공의 지도를 그려 나가고 있다.

www.zippartners.co.kr

안으로 열린 집

위치 인천광역시 남동구 논현동 760-7번지
용도 단독주택
대지면적 412.60m²(124.81평)
규모 지하 1층 / 지상 2층
건축면적 203.67m²
연면적 329.81m²
건폐율 49.36%
용적률 69.17%
구조 철근콘크리트조
외장재 치장벽돌쌓기, 제물치장콘크리트
주차대수 3대
준공 2018. 3

거주자 건축주의 부모님 + 누나
건축주의 직업 사업가
특별 주문 사항 안에서는 밖의 조망이 잘 보이면서 채광이 잘 되는 집,
밖에서는 안이 잘 보이지 않는 프라이버시가 보장되는 집

집 앞의 공원까지 시각적 · 물리적으로
연결되도록 폴딩 도어를 설치했다.

— **보통 어떠한 경로로 프로젝트를 의뢰받나? 이 프로젝트는 어떠했는가?**

보통 지인의 소개를 받아 건축주를 만난다. 이 프로젝트는 설계사무소를 시작하고 처음 진행했던 주택 프로젝트로, 이전 회사에서 같이 일했던 동료의 소개를 받았다. 첫 주택 설계여서 건축의 본질에 대해 더 많이 고민했고, 나의 건축관을 투영시키려 했다.

— **주택은 지극히 개인적인 공간이기 때문에 설계를 하면서 건축주의 니즈를 파악하기 위해 많은 시간을 할애해야 할 것 같다.**

교회, 오피스, 학교, 문화 및 전시시설 등 많은 건물을 설계했다. 그런 시설들은 주어지는 지침에 맞춰 계획을 하면 된다. 하지만 주택은 다르다. 각자의 삶이 다르듯 원하는 공간도 제각각이다. 내가 주택 설계를 가장 어렵다고 생각하는 이유다. 집에 거주할 사람들이 불편을 느끼지 않으려면 무엇보다 소통이 중요하다. 그들의 생활 패턴을 이해해야 하고, 좋아하는 것과 원하는 것이 무엇인지 정확히 파악해야 한다. 그들의 관점에서 생각하고 설계해야 한다.

이 집의 건축주는 건축을 이해하려고 노력하는 분이었다. 덕분에 프로젝트를 진행하는 동안 소통이 수월했다. 건축주는 자신의 생활 공간과 생활 방식을 보여주기 위해 당시 거주하고 있던 집을 보여주었다. 집을 지을 대지도 함께 보러 갔다. 본인이 원하는 프로그램과 공간의 성격에 대해 이야기했다. 특히 대지의 상황을 고려하여 어떻게 계획할지 많은 대화를 나눴다.

설계를 하고 세 개의 안을 건축주에게 제안했다. 처음에는 그 중 가장 혁신적이고 개념적인 안을 선택했는데, 이후에 지금 지어진 안으로 바뀌었다. 물론 지금 지어진 집도 혁신적이다. 이런 공간을 이해하지 못하면 집처럼 보이지 않는다고 생각할 수도 있을 것이다. 건축주의 이해를 돕기 위해 모형을 만들고 지어질 집과 공간의 이미지를 만들어 보여주며 설명을 했다.

건축주의 이해를 돕기 위해 설계 과정에서 만든 모형

설계에 착수하고부터 완공까지 얼마의 시간이 걸렸나?

이 집은 완공되기까지 3~4년이라는 비교적 오랜 시간이 걸렸다. 공사를 진행하던 중 건축주가 사업상의 이유로 해외에 머물렀는데, 그렇다 보니 원활한 소통이 어려웠다. 건설사와 이견이 생기는 등 문제가 생겨 처음 계획보다 기간이 지연되었다.

설계 기간은 보통 6개월 정도이다. 여기에는 인허가, 건축설계, 인테리어 설계가 포함된다. 건설사 선정을 위해 한 달의 기간이 필요하고 공사에도 6개월 정도의 시간이 소요된다.

공사 기간과 공사 비용은 비례하지 않나. 공기가 늘어남에 따라 비용 부담도 커졌을 것 같다.

공사 기간이 늘어지면서 빨리 마무리되어야 할 부분들이 마무리되지 못했다. 공사가 중간에 지연되면 공정이 연속적으로 진행되지 않아 건물에 결함이 생기기도 하고 그로 인해 공사해야 할 부분이 늘어나기도 한다.

건축주는 최초 계약한 공사비로 공사를 완료하기 원하지만, 시공사는 시간 지연에 따른 자재비 상승과 재시공으로 인한 추가 비용을 요구할 수밖에 없다. 건축주와 시공사 간의 이해와 더불어 공정한 조율이 필요하다. 크고 작은 문제들이 있었지만 다행히 공사가 잘 마무리 되었다.

짓고자 하는 집의 규모가 명확하고 예산이 빠듯한 프로젝트가 있는 반면 예산에 큰 제약이 없는 프로젝트가 있다. 이 집은 후자에 가까운 경우로, 예산보다는 여유있는 삶에 초점을 맞추고 좋은 집을 짓겠다는 목표에 집중했다.

불필요한 지출이 없도록 건축가에게 적정 설계비가 주어져야 한다. 비용을 절감하는 가장 좋은 방법은 추가 공사가 없도록 설계를 잘하는 것이다.

— **이 집의 설계비는 얼마였나? 간혹 건축주가 설계비에 대해 잘 인식하지 못하는 경우도 있다고 들었다.**

설계비로 인한 제약은 없었다. 건축, 인테리어를 포함하여 설계비는 5천만 원 정도이고 감리비는 500만 원 정도였다. 설계비를 얘기하면 간혹 놀라는 경우가 있다. 프로젝트를 밀도 있게 진행해 불필요한 지출이 없도록 하기 위해서는 건축가에게 적정 설계비가 주어져야 한다. 비용을 절감하는 가장 좋은 방법은 추가 공사가 없도록 설계를 잘하는 것이다. 이를 위해서는 적재적소에 맨파워와 시간이 투입되어야 한다. 맨파워를 제때 투입하지 못해 사전에 검토해야 할 사항들을 충분히 살피지 못하면 여러 분야(건축, 기계, 전기, 소방, 구조, 토목, 인테리어, 상세도면 등)에 문제가 발생할 수 있다. 집을 짓는 중간에 혹은 집을 짓고 나서도 추가 공사를 해야 하는 부분이 발생한다.

— **적정 설계비는 어느 정도를 말하나?**

프로젝트마다 다르지만 단독주택은 50평 이하일 경우에는 3천만 원, 50~80평일 경우에는 5천만 원이 적정선이라 본다. 그런데 1~1.5천만 원에도 설계를 맡는 건축가들이 간혹 있다. 당장은 설계비를 낮춰 프로젝트를 맡을 수 있겠지만 결국 그러한 것들이 건축가 자신은 물론 건축주까지 힘들게 할 수 있다.

설계는 건축뿐 아니라 구조, 기계, 전기, 소방, 인테리어 등 여러 분야의 협업으로 완성된다. 적정 설계비가 주어지지 않아 협력업체의 도면이 상세히 기록되지 않은 채 현장에서 시공이 진행되면 추가 공사비 관련해서 추후에 건설사와 분쟁이 생기기 쉽다. 공사비는 몇천만 원 단위로 올라가기 때문에 도면대로 작성하고 시공하는 것이 최선이다.

감리비 역시 마찬가지다. 설계만 했다고 끝난 것이 아니다. 설계한 대로 집이 잘 지어지고 있는지 현장에서 수시로 확인하는 작업이 필요하다. 잠시만 방심해도 시공자들이 도면을 잘못 이해해 실수하는 일이 발생한다. 현장에 따라 다르지만 집을 지을 때는 토목공사, 골조공사, 방수공사, 외장공사, 창호공사의 공정마다 현장에 방문해야 한다. 인테리어를 할 때도 수시로 감리를 해야 완성도가 높은데, 디자인 감리의 중요성을 인식하지 못해 감리비를 아끼려는 경우가 있다.

—— 주택 외관은 타인의 대한 건축주의 태도를 보여준다고 생각한다. 그에 따라 건물 형태와 공간도 달라질 수밖에 없을 것이다. 외벽을 벽돌로 마감했는데, 부분적으로 벽돌 사이에 틈을 두고 쌓아올렸다. 그 이유는 무엇인가?

수십년 동안 건축주의 주 생활 공간은 아파트였다. 무엇보다 사생활을 보호받길 바랐다. 밖에서는 내부를 볼 수 없도록 성처럼 닫아서 프라이버시는 보호하되, 내부에서는 밖에 있는 공원까지도 시야가 닿을 수 있게 하려 했다. 그래서 선택한 재료가 벽돌이다. 벽돌은 프라이버시 보호에도 유용할뿐 아니라 오래 시간이 지나도 변하지 않고 감성적으로도 좋다. 스페인산 긴 벽돌을 사용했는데, 부분적으로 영롱(비위)쌓기를 했다. 덕분에 외부와의 경계를 형성하면서도 빛과 바람은 내부까지 들어온다. 밤이 되면 벽돌 사이로 불빛이 새어 나와 주변을 따뜻하게 만든다.

벽돌 중간을 비워 쌓는 방식. 벽돌을 비워쌓음으로써 무늬를 표현하기도 한다. 비워진 공간으로 빛이 통과한다. 안에서는 밖이 보이나 밖에서는 내부를 볼 수 없어 내부의 프라이버시를 확보해 준다.

— 밖에서 보기에는 단순한 박스 형태인데, 내부를 들여다보면 일반적인 집과는 구조가 달라 보인다.

본래 나는 장소와 땅을 중요하게 생각해서 대지의 생김대로 짓는 것을 선호한다. 대지는 갯벌을 정돈하여 조성한 주택단지 내에 정사각형 모양으로 분할되어 있었다. 정해진 건폐율에 맞춰 대지의 형태를 따라 건물을 박스 형태로 계획하고, 안으로 파고 들어가면서 공간을 만들었다. 형태의 화려함보다는 공간의 밀도를 중요하게 생각하기 때문에 공간의 본질에 대해 탐구했다. 공간이 점진적으로 열리는 방식으로 내부를 설계했는데, 특히 빛이 들어오는 곳에 앉아 밖의 풍경을 내다보는 것을 생각하며 내부에 중정과 마당을 계획했다. 중정과 마당은 중성적인 공간으로, 외부인 것 같지만 내부이고 내부인 것 같지만 외부인 것 같은 느낌을 준다.

— 크기가 다른 중정과 마당이 지하층부터 옥상까지 각 층을 연결하고 있다. 이 공간들의 역할은 무엇인가?

여름에는 시원한 바람이 불어오고, 겨울에는 따뜻한 빛이 들어오는 가족들의 휴게 및 힐링 공간이다. 집 밖으로 나가지 않아도 안에서 사계절의 변화를 느끼며 공간을 산책하듯 경험할 수 있길 바랐다. 지하 1층부터 지상 2층까지는 집 내부의 계단과 경사로가 각 층의 중정과 마당을 연결한다. 2층에서 옥상으로 올라갈 때는 외벽의 계단을 통하도록 함으로써 계단을 오르면서 집 앞의 공원을 바라볼 수 있게 했다. 휴식공간 외에도 중정과 마당은 다양한 용도로 사용된다. 무엇보다 중요한 역할은 지하에 있는 가족실과 놀이방까지 빛을 유입시키고 환기가 이루어지게 하는 것이다.

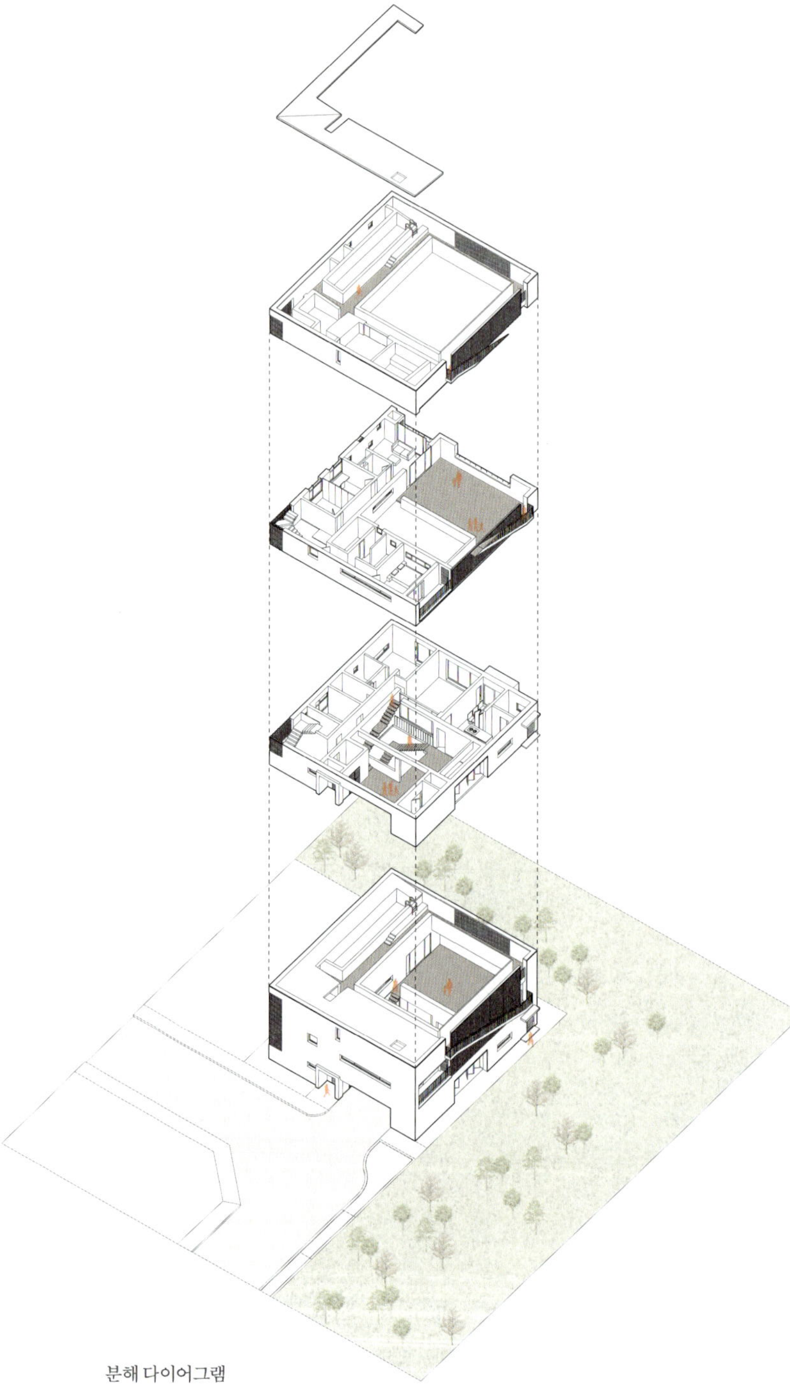

분해 다이어그램

집 내부의 계단과 경사로가 각 층의 중정과 마당을 연결한다.

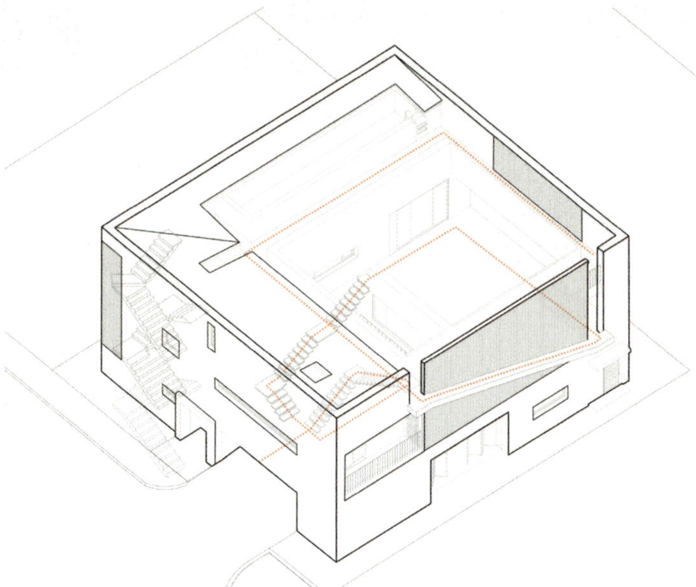

동선 다이어그램

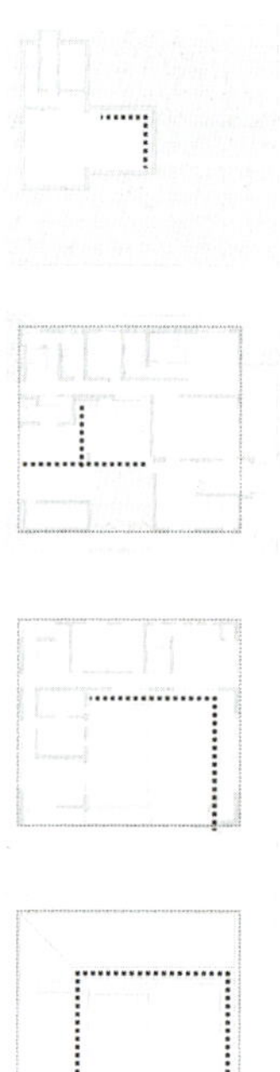

길 다이어그램

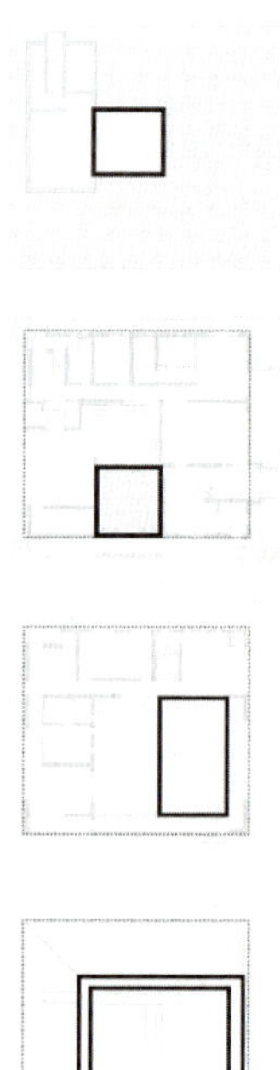

외부마당 다이어그램

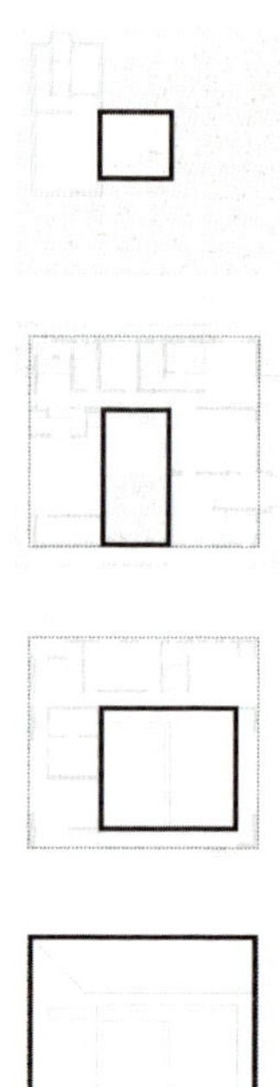

중정 다이어그램

집 밖으로 나가지 않아도 안에서 사계절의 변화를 느끼며 공간을 산책하듯 경험할 수 있다.

1. 다목적실
2. 보일러실
3. 서재
4. 드레스룸
5. 마스터룸
6. 거실
7. 부엌
8. 식당
9. 데크/마당
10. 정원
11. 출입구
12. 주차장
13. 방
14. 욕실
15. 가족실
16. 테라스

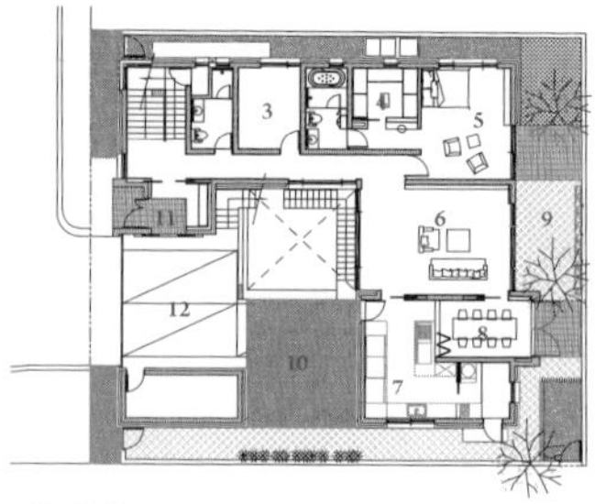

1층 평면도

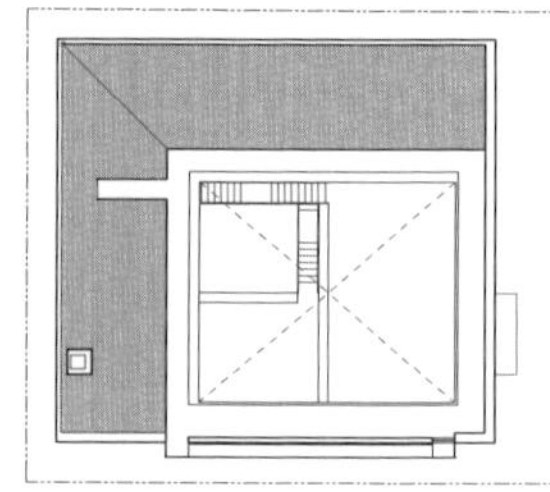

옥상 평면도

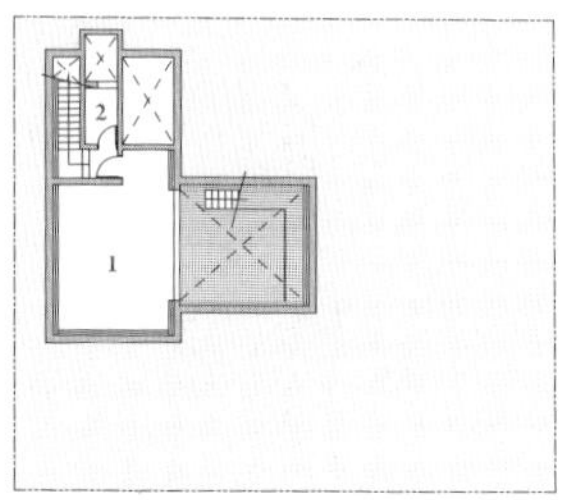

지하 1층 평면도

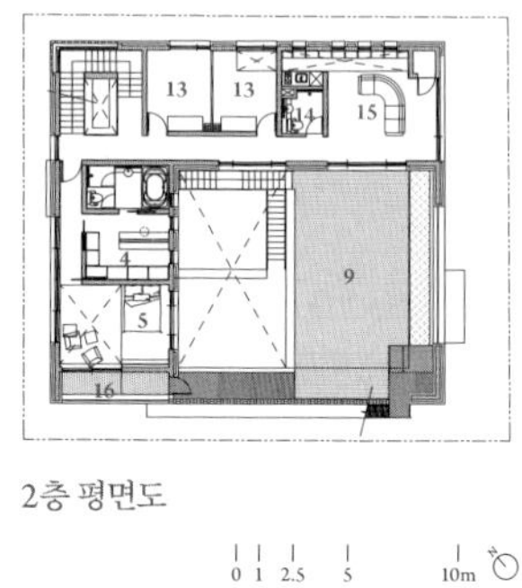

2층 평면도

1. 출입구
2. 드레스룸
3. 거실
4. 가족실
5. 창고
6. 데크/마당
7. 식당
8. 마스터룸
9. 가족실
10. 중정

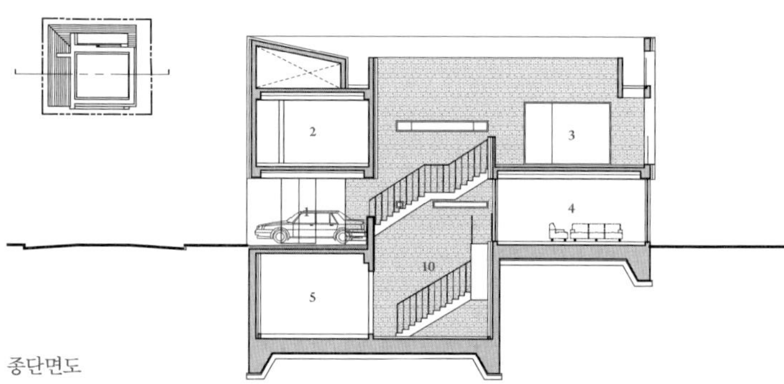

종단면도

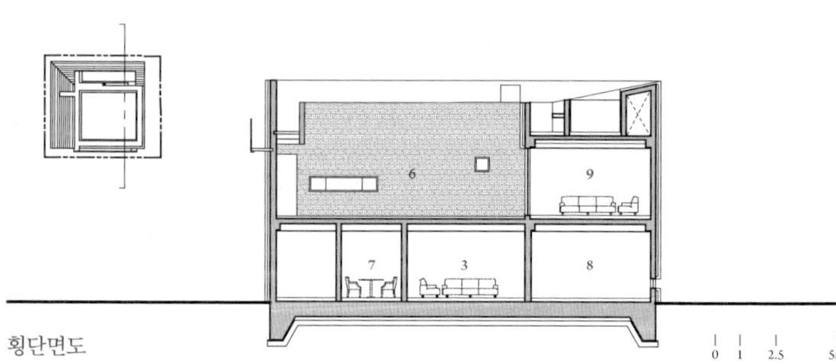

횡단면도

집에 거주하는 구성원들의 생활 패턴이나 취미를 고려해 특별히 계획한 공간이 있는가?

가족들은 중정의 2층 데크 공간을 좋아한다. 공원 전체를 볼 수 있는 넓고 따뜻한 공간이지만 외부의 시선은 피할 수 있도록 계획되어, 가든파티를 열 수 있는 힐링 장소이다. 1층에는 어머님실과 거실, 식당을 두었고, 2층에는 부부 침실을 독립적으로 분리 배치했다. 현재는 건축주의 누나를 위한 침실과 거실이 계획되어 있다. 각 층의 실에서 각 마당과 외부 공간을 공유할 수 있도록 공간을 계획하였다.

자신의 주택을 갖기 소망하는 잠정적인 미래의 건축주들에게 전하고 싶은 당부의 말이 있다면?

건축가에게 집을 짓는 것은 프로그램, 환경, 공간 등에 대한 건축주의 폭넓고 다양한 니즈를 수용하면서 그 속에서 건축주의 삶에 대한 많은 가능성과 가치를 발견하는 것이다.

집을 지을 때는 다음과 같은 사항을 고려하는 것이 좋다.

첫째, 좋은 대지(땅)를 골라야 한다. 자연(전원형), 조망, 향, 교통, 투자 가치(도심형) 등을 건축가와 같이 고려하는 것이 좋다. 법적인 검토뿐 아니라 가치를 공유할 수 있는 장점이 있다.

둘째, 예산을 계획해서 층수와 면적을 결정해야 한다. 같은 면적이라도 건물의 형태와 공간에 따라 공사비가 달라진다.

셋째, '어떤 집을 지을 것인가?'를 생각해야 한다. 현재 혹은 미래의 가족 구성원 수, 취미 활동, 집 전체를 다 사용할 것인지 부분 임대할 것인지, 추후 매각할 것인지를 결정해야 한다. 그에 따라 공간과 공간 구획이 달라지기 때문이다.

넷째, 건축가와 원활하게 소통해야 한다. 어떤 집을 짓기 원하는지 심사숙고한 후 형태와 재료, 원하는 프로그램을 건축가와 공유해야 한다. 건축가는 이런 생각들을 스케치, 모형, 3D 모델링과 같은 틀을 통해 만들어 보여줌으로써 건축주의 이해를 돕는다. 기획-계획-기본-실시-상세설계의 도면 작업을 세밀하게 진행한다.

다섯째, 위의 작업이 순조롭게 이루어지도록 설계 기간을 여유롭게 확보해야 한다.

여섯째, 실적, 기술력, 평판 등을 고려하여 건설사와 현장 소장을 선정해야 한다. 이들의 역할이 중요하기 때문이다.

마지막으로, 집이 잘 지어질 수 있도록 적정 공사비를 지불해야 한다. 저가로 공사를 진행할 경우 추후에 공사해야 하는 부분이 늘어나거나 비용 문제가 발생하기도 한다. 서로 간의 마찰이 생기는 등 문제가 될 수 있는 위험 요인들이 나타나기 때문에 이러한 문제가 최소화되도록 비용을 지불한다.

자연과 마을로 열린 집

위치 경기도 양평군 강하면 전수리
용도 단독주택
대지면적 2,731.00m²(826.13평)
규모 지하 1층 / 지상 2층
건축면적 212.15m²
연면적 274.04m²
건폐율 7.77%
용적률 9.64%
구조 철근콘크리트조
외장재 치장벽돌쌓기, 엇모쌓기, 청고벽돌 앞세워쌓기
주차대수 2대
준공 2016. 4

거주자 건축주 + 어머니
건축주의 직업 사업가
특별 주문 사항 경제적이고 친환경적이되, 살기 편한 집다운 집을 짓고 싶다.

— **지인에게 의뢰받은 프로젝트라고 들었다.**

건축주는 이전에 나와 같은 설계회사에서 근무했다. 그래서 직접 디자인을 하지는 않아도 건축 전반에 대한 이해가 깊은 분이다. 내게 주택을 의뢰하고 첫만남에서 건축주는 집에 대한 생각을 정리한 장문의 편지를 준비해 왔다. 편지에는 "집을 짓고 산다는 것"에 대한 고민과 그의 희망사항이 정리되어 있었다. 마음에 드는 땅을 구입했던 과정부터 기대하고 있는 삶의 방식 그리고 집에 대한 본인의 생각까지 모든 것이 담겨 있었다. 오랜 시간 집 짓기를 준비해 왔던 그의 고민을 고스란히 알 수 있었다. 편지는 건축설계 과정부터 건물이 준공될 때까지 하나의 지침서가 되었다. 건축주의 생각이나 삶의 방식을 잘 이해할 수 있었음은 물론이고 서로의 생각을 조율하는데 큰 도움이 되었다.

— **건축주가 건축 관련 일을 하신 분이라 요구 사항도 더 구체적이었을 것 같다.**

건축주는 '집다운 집'을 바랐다. 집의 형태가 지형 및 주변 환경과 어울리고, 조망이 훌륭하고, 비가 와도 물이 새지 않고, 채광이 좋고 환기가 잘되며, 겨울에 춥지 않지만 여름에 덥지 않아 유지 관리비가 적게 들어 경제적이고 친환경적인 집, 기능별로 필요한 공간이 잘 갖춰진 집을 요구했다. 가장 기본적이고 당연하다 여겨지는 것들이지만 이러한 것들 때문에 실제로 불편을 호소하는 경우를 봐왔기 때문일 것이다.

예산 또한 명확했다. 3억 원으로 60평의 집을 짓고자 했다. 한 건설사에 건축 비용을 문의했는데 예산을 훨씬 초과하는 4억 원의 견적이 나왔다. 결국 건설사 대신 직영으로 공사를 맡기는 방법을 택해 목표 예산 안에서 집을 지을 수 있었다. 건축주가 관심을 갖고 시간을 많이 투자한 덕분에 가능한 일이었다.

—— **대지가 산자락 중턱에 자리하고 있다. 경사 지형에 계획을 하는 데 있어 어려운 점은 없었는가?**

산과 강의 훌륭한 풍광과 마을을 차분히 내려다볼 수 있는 위치는 대지의 큰 장점이다. 그럼에도 산중턱의 경사 지형을 극복하는 것은 어려운 도전 과제였다. 13~14m에 이르는 경사진 지형에서 남향 집을 계획하는 것이 쉽지만은 않았다. 남향으로 배치하면서 밖의 다양한 전망도 확보할 수 있도록 하기 위해 여러 아이디어를 냈다.

—— **어떤 아이디어들이 있었나. 여러 안 중에서 현재의 안으로 결정한 이유는 무엇인가?**

나는 경사진 대지의 잠재력에 주목했다. 대지의 특성을 그대로 살려 건축계획을 하려 했다. 마지막까지 고민하고 제안했던 안이 'ㅁ자 집'이었다. 지형을 최대한 이용하면서 자연의 훼손을 최소화하는 안으로, 경사진 언덕에 심플한 박스 형태의 건물 하나만을 더하는 컨셉이었다. 땅을 파내 건물을 묻되 ㅁ자의 중정을 계획해 비움의 공간을 만들었다. 최소한의 인공을 더해서 자연과 건축이 어우러지는 풍경으로서의 건축을 의도했다. 건축주를 설득해서 실시설계까지 진행했는데, 결국 최종안으로 채택되지는 못했다. 땅을 파내는 데 필요한 토목공사 비용 외에도 채광 및 습기 등의 문제를 더 많이 고려해야 했기 때문이다. 결국 경제성 및 에너지 효율이 더 높은 현재의 안으로 최종 결정했다. 그렇다고 현재의 안과 'ㅁ자 집'의 컨셉이 다른 것은 아니다. 'ㅁ자 집'의 개념을 유지하면서 현실적으로 필요한 부분을 보완해 현재의 집을 완성했다.

실시설계: 기본 설계 단계에서 결정된 설계 기준 등의 제반 사항에 따라 기본 설계를 구체화하여, 실제 시공에 필요한 내용을 설계 도서 형식으로 표현하여 제시하는 설계 업무.

경사진 대지의 잠재력에 주목해 제안했던 'ㅁ자 집'.
지형을 최대한 이용하면서 자연의 훼손을 최소화하는 안으로,
경사진 언덕에 심플한 박스 형태의 건물 하나만을 더하는
컨셉이었다. 땅을 파내 건물을 묻되 ㅁ자의 중정을 계획해
비움의 공간을 만들었다.

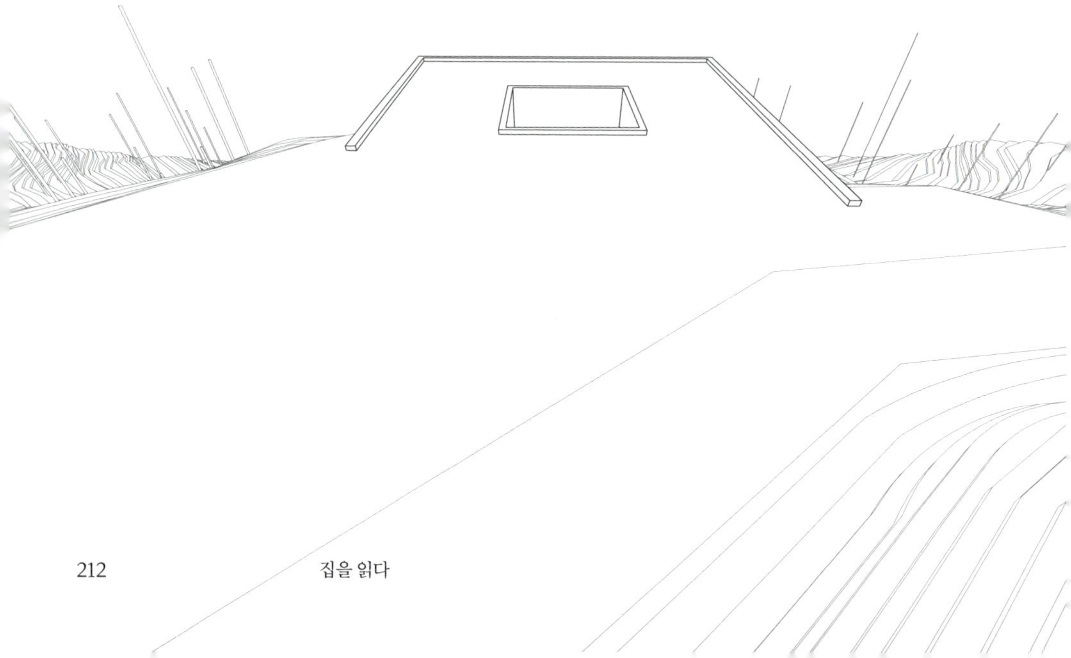

'ㅁ자 집' 모형

건축주가 편안함을 느끼는 스케일이 어느 정도인지, 필요로 하는 것이 무엇인지, 취향이 어떠한지 함께 고민을 나누어야 비로소 완성도 있는 주택이 탄생할 수 있다.

— 집을 짓는 도중에 건축주가 마음을 바꾸는 경우도 있는가?

그런 일이 발생하지 않게 하기 위해 초반에 건축주와 긴밀하게 소통한다. 사전에 충분히 검토하면 공사할 때 그런 문제가 발생하는 불상사를 막을 수 있다. 그럼에도 마음을 바꾸면 절충점을 찾아 보완을 하는 수밖에 없다. 그렇지 않은 상태로 프로젝트를 진행하면 나중에는 서로 부딪히게 된다. 나는 이러한 일들을 미연에 방지하기 위해 건축주들이 이해하지 못하거나 잘 모르는 부분들은 스케치와 모형으로 혹은 유사 사례를 보여주면서 설명한다. 건축가의 노력이 필요한 부분이다.

— 이번 경우처럼 처음 그렸던 디자인이 현실적인 문제에 부딪혀 실현이 어렵거나 건축주와 생각이 일치하지 않을 때 어떻게 문제를 풀어가는가?

건축가가 설계한 집이라고 해서 모두 만족스러울 수는 없을 것이다. 노출콘크리트 집을 지으면서 자신의 건축세계를 펼쳤던 건축가 안도는 자신이 만든 집은 다소 불편하다고 얘기했다. 건축가가 지은 집에 살면 집은 유명해질지 몰라도 실제 그곳에 사는 사람들은 불편함을 느낄 수도 있다. 집에 거주할 사람들의 마음을 이해하지 못한다면 진정한 건축이라고 말할 수 있을까?

나 역시 처음 주택 프로젝트를 맡았을 때는 건축이란 무엇인지 건축의 본질을 먼저 생각했다. 당시에는 집에서 생활할 사람들보다 건물이 어떻게 보여질까를 먼저 생각했고, 내 건축적 개념을 관철시키려 노력했다. 그러나 프로젝트를 거듭하면서 시행착오를 겪다 보니 거주자의 입장에서 바라보게 되었다. 지속가능성을 먼저 고려하고, 집에 거주하게 될 사람들의 라이프 스타일을 생각하게 됐다. 그들에게는 어쩌면 평생에 한 번 짓는 집일 수도 있지 않은가.

요즘은 프로젝트를 맡으면 설계 초기에 건축주에게 모든 요구조건을 얘기해 달라고 한다. 결국 그 집에 살며 공간을 채워 나가는 당사자가 건축주 본인이기 때문이다. 건축주가 편안함을 느끼는 스케일이 어느 정도인지, 필요로 하는 것이 무엇인지, 취향이 어떠한지 함께 고민을 나누어야 비로소 완성도 있는 주택이 탄생할 수 있다고 믿는다. 의견 교환이 충분히 이루어질 때 건축주의 삶을 오롯하게 평면에 담아낼 수 있다. 이 주택 역시 설계 과정에서 건축주의 구체적 의견들을 가급적 모두 수용하려 했다.

그러나 건축가가 건축주의 취향을 존중하듯 건축주 역시 건축가의 조언을 받아들일 필요가 있다. 건축주와 건축가가 서로의 생각을 존중하고 잘 조율해 나갈 때 좋은 방향으로 건축이 이루어진다고 생각한다. 건축가들은 자신을 믿어주면 성심성의껏 집을 설계한다.

집의 저층부는 경사진 대지의 지형을 따라 조성되어 있는데 반해 상층부는 땅 위에 떠 있는 듯한 형상이다. 상층부의 매스가 길게 뻗어있는 이유가 궁금하다.

대지의 형태를 따라 디자인한 것이다. 긴장감을 주면서 상한 이미지를 남기고 싶었다. 자연 채광을 위한 남향 배치와 조망과 환기를 위한 선택이기도 했다. 돌출된 매스의 한쪽은 마을과 면하고 다른 쪽

경사진 대지의 형태를 따라 저층부를 디자인했다.

은 백운산과 남한강을 조망한다. 양쪽으로 시야가 열린 덕분에 집 내부는 더욱 넓고 확장되어 보인다. 이곳을 가족이 만나는 행복한 공간으로 만들기 위해 거실과 식당을 계획했다. 요리를 좋아하는 건축주는 이 공간에서 요리를 하고 식사를 하면서 밖의 풍광을 조망할 수 있다.

— **앞서 다룬 '안으로 열린 집'처럼 벽돌을 주 재료로 사용했다. 벽돌을 선택한 특별한 이유가 있는가?**

벽돌은 예부터 집을 짓는데 사용되어 온 친근한 재료이다. 축조의 세밀함, 디테일과 견고함은 물론 재료의 물성을 느낄 수 있다. 그래서인지 오래 볼수록 편안하고, 시간의 흐름이 자연스레 흔적으로 남는 재료이다. 이러한 벽돌 고유의 특성이 집이 가지는 이미지와 잘 부합하여 집을 계획하는데 많이 사용하고 있다.

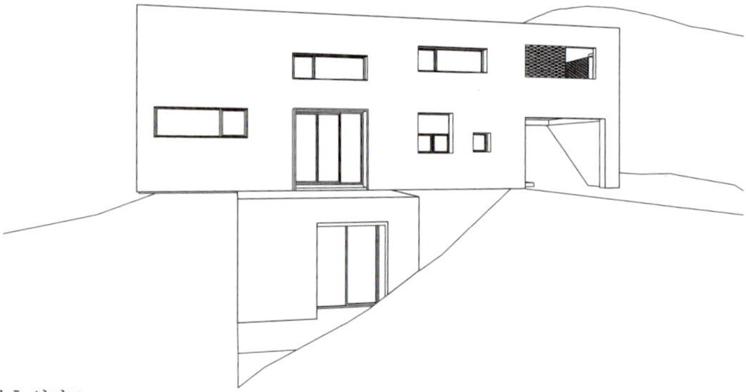

북측 입면도

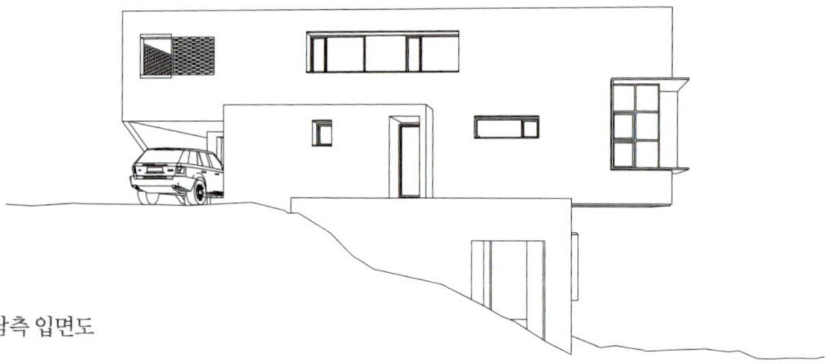

남측 입면도

— 느낌이 다른 두 가지의 검은색 벽돌을 사용해 마감했다. 재료 선택의 기준은 무엇이었나?

지면과 가까운 부분은 옛날 건물에서 뜯은 청고벽돌을 사용하고, 위쪽은 전벽돌을 사용했다. 같은 검정이지만 위층과 아래층의 톤을 다르게 하여 떠 있음을 강조하였다.

— 지하 1층부터 지상 2층까지 총 3개층으로 이루어져 있는데, 내부 공간은 어떻게 계획했는가?

기능에 따라 공간을 분리했다. 지하층은 사적인 공간으로 계획했다. 지하이지만 경사로 인해 외기와 면하는 남쪽에는 침실 두 개와 화장실을 배치해 창을 내고, 외기와 닿지 않는 쪽에는 긴 복도와 수납공간을 두었다. 쾌적한 실내 환경을 위해 단열에 더욱 신경썼고, 지하층인 것을 고려해 방습벽을 두어 혹시 모를 습기까지 차단했다. 지상층은 가족이 함께 사용하는 공간으로 거실과 주방, 거실을 배치했다. 층고가 높은 거실을 통과해 2층으로 올라가면 차를 좋아하는 건축주를 위한 다실이 있다. 여러 방향으로 창을 내어 시시각각 다른 풍경을 보면서 차를 마실 수 있게 했는데, 손님이 오면 이곳은 게스트룸이 되기도 한다. 필요에 따라 공간을 개방하는 등 다양한 용도로 사용할 수 있도록 슬라이딩 도어를 설치했다.

— 인테리어도 작업까지 직접 맡아서 했나?

일관성을 위해서 보통은 인테리어 디자인까지 맡는다. 초기 디자인을 맡았고, 나중에 공사를 하면서 다른 인테리어 회사와 같이 협업하였다. 건축 외관부터 인테리어까지 완벽하게 작업하는 것은 어려운 일이다. 많은 시간과 노력을 필요로 한다.

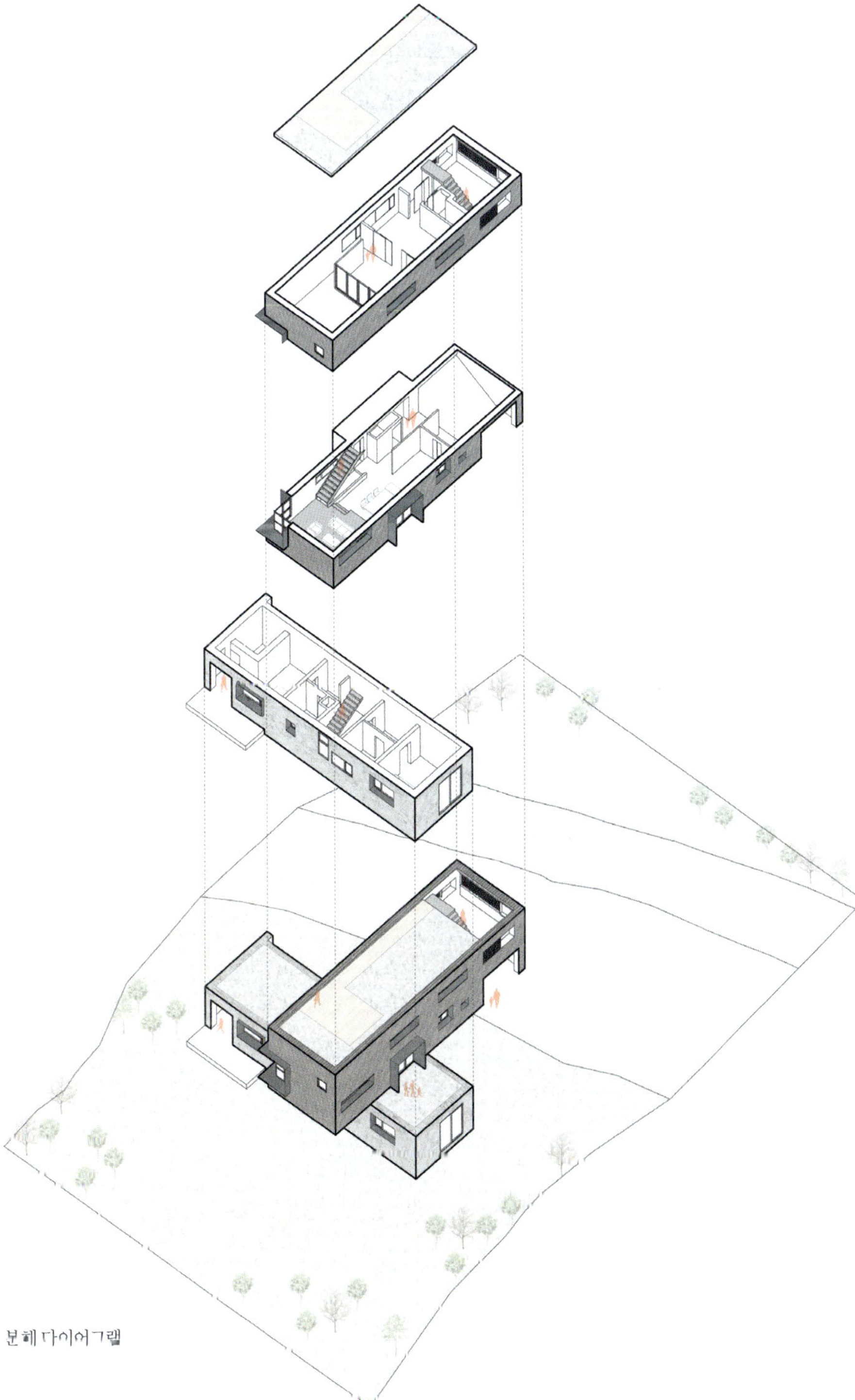

분해 다이어그램

차를 좋아하는 건축주를 위한
다실이자 손님을 위한 게스트룸으로
다다미방을 계획하였다.

1. 보일러실
2. 가족실
3. 다용도실
4. 데크
5. 드레스룸
6. 욕실
7. 마스터룸
8. 출입구
9. 화장실
10. 부엌
11. 식당
12. 거실
13. 중정
14. 게스트룸
15. 다실

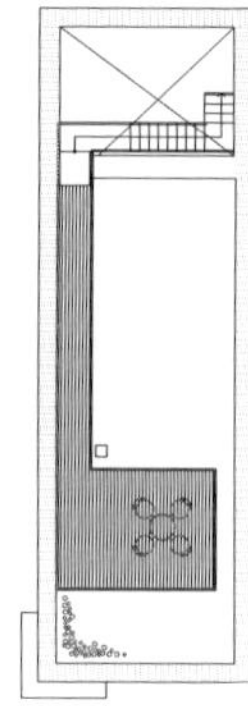

옥상 평면도

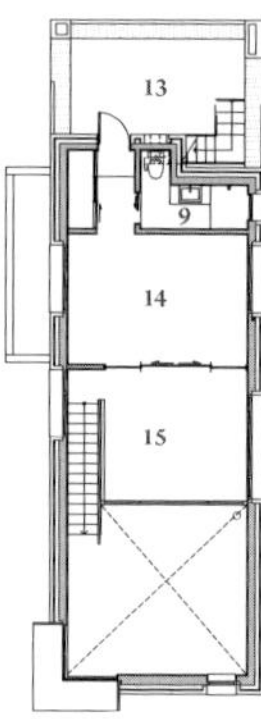

2층 평면도

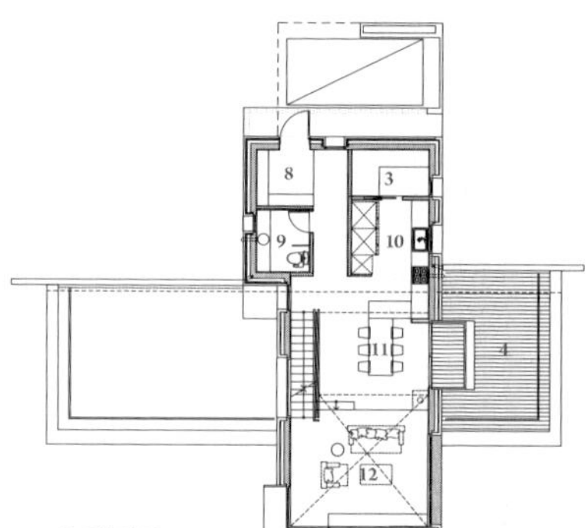

1층 평면도

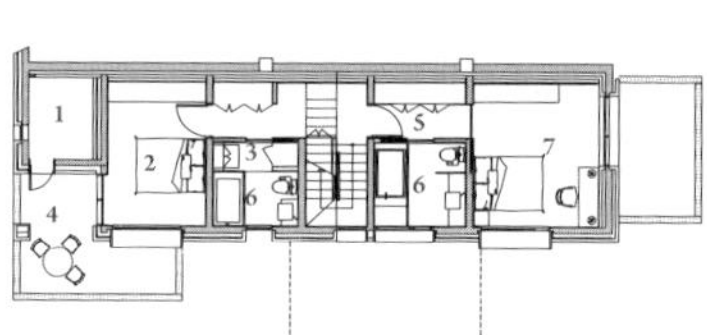

지하 1층 평면도

0 1 2.5 5m

1. 데크
2. 부모님방
3. 욕실
4. 계단실
5. 마스터룸
6. 거실
7. 다실
8. 게스트룸
9. 중정
10. 식당
11. 주방
12. 필로티

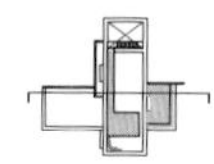

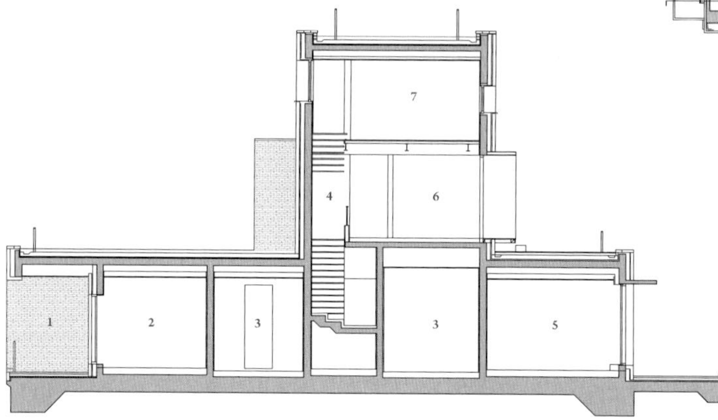

종단면도

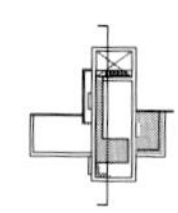

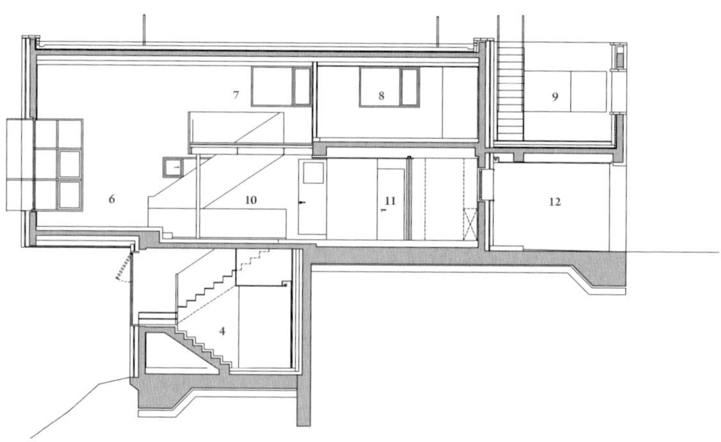

횡단면도

0 1 2.5 5m

층고가 높은 거실은 예술을 사랑하고 사람들과의 소통을 좋아하는 건축주를 위한 핵심 공간이다.

여러 방향으로 창을 내어 시시각각 다른 풍경을 보면서 차를 마실 수 있는 쉼의 공간이다.

— 앞서 대지의 레벨차로 인한 계획의 어려움을 얘기했는데, 레벨차를 이용해 색다른 공간을 계획할 수 있는 장점도 있었을 것 같다.

그렇다. 경사를 이용해 내부와 만나는 외부 공간에 각기 다른 용도와 규모의 마당을 계획했다. 거실 앞쪽으로 나가면 마당이 있고, 거실 뒷쪽으로 나가면 데크와 만난다. 지하층의 침실 두 곳에서도 밖으로 나가면 아늑한 마당을 만날 수 있다. 각 층에서 연결된 외부 공간은 단조로운 생활에서 벗어날 수 있게 해주고, 내부 공간을 더욱 풍부하게 만들어 준다. 건축주가 공들여 가꾼 조경 덕에 현재 외부 마당은 계획 초기보다 더 많은 용도로 활용되고 있다.

— 창문과 현관에 길게 뺀 차양이 인상적이다.

건축주가 원했던 경제적이고 친환경적인 집을 만들기 위한 노력 중 하나였다. 계절별 일사각도를 분석하여 창호마다 차양을 설치하였다. 차양은 사계절 변화하는 일사를 효과적으로 조절해 주는 "한옥의 처마"와 같은 역할을 한다. 장마철에도 문을 열고 환기를 시킬 수 있는 기능을 겸한다. 에너지 절감과 쾌적한 실내 환경을 만들기 위한 기능적 장치이자 건축 입면의 디자인 요소이기도 하다.

— 차양 외에도 에너지를 절약하고 친환경적인 집을 만들기 위해 노력한 부분이 있는가?

배치 단계에서부터 친환경 분석 자료를 계획에 반영하였다. 배치 방향에 따라 냉난방 부하의 차이가 확연히 드러나기 때문이다. 열손실을 최소화하기 위해 단열 성능을 높이고 지열 히트 펌프를 활용한 것도 이와 같은 맥락에서 적용한 계획 요소들이다. 태양광 패널도 설치했다. 본래 건축주는 태양광 패널을 지붕에 설치하기 원했는데,

평지붕에 어울리지 않는다고 판단하여 건축주를 설득해 주차장에 설치했다.

옥상 공간의 용도는 무엇인가. 특별한 프로그램이 있는가?

설계를 하다 보면 대지 위 사람의 스케일에서 주변 환경을 바라보게 된다. 이 공간은 땅에서부터 3층 높이로 구축된 또 하나의 마당이다. 사방의 자연이 파노마라처럼 들어오는 장소로 여름에는 물놀이 시설로, 평상시는 조각공원으로 사용한다. 거주자와 손님을 위한 동선의 끝 공간이자 극적인 조망 공간이다.

고영성

한양대학교대학원 건축학과를 졸업하고 솔토건축을 거쳐 2011년 디자인연구소이엑스에이를 개소했다. 이후 2013년 포머티브건축사사무소로 상호를 변경해 현재까지 다수의 감성적이고 실험적인 프로젝트를 진행하고 있다. 공간의 표면에 대한 중요성보다 그 본질의 진정성에 주목하는 건축을 지향한다.

이성범

한양대학교대학원 건축학과를 졸업하고 공간건축에서 실무 경험을 쌓았다. 공공성을 바탕으로 일상 속 건축의 가치를 탐구하고 건축의 본질에 관한 다양한 해석을 통해 이미지와 피상 위주의 건축으로부터 벗어난 다양한 건축적 가치를 모색하고 있다. 조선대학교 건축과 객원교수로 재직 중이며 BF(Barrier Free) 인증 심사위원으로 활동하고 있다.

건축사사무소 공유

김성우

성균관대학교 건축공학과를 졸업하고 정림건축에서 실무 경험을 쌓았다. 담백하고 심플한 건축을 추구하며 밸런스balance를 중요하게 생각한다. 건축은 땅과 분리해서 볼 수 없기에 땅의 이야기를 소중하게 듣고 해석하여 건축으로 풀어내려고 한다. (사)한국주거학회 참여이사로 활동하고 있으며, 성균관대학교 건축학과에 외래강사로 출강하고 있다. 종로 묘동 골드리아 사옥으로 2019 한국건축문화대상 신진건축사부문 최우수상을 수상하였다.

로디자인

김동진

홍익대학교 건축학과를 졸업하고 ㈜서울건축에서 실무를 익혔으며 프랑스로 건너가 파리-벨빌 국립건축대학 에서 수학했다. 주요 수상으로는 31·38·42회 한국건축가협회상 '올해의 BEST7', 2019 미국 The Architecture Master Prize, 2015 독일 Iconic Award, 25·33회 서울특별시건축상 '최우수상', 1회 젊은건축가상, 7·9회 강남구 아름다운 건축상 '대상'이 있으며, 그 외 국내외 다수의 건축 전시회에 초청되어 활동 중이다. 현재 홍익대학교 건축공학부 건축디자인전공 교수로 재직 중이다.

집 파트너스 건축사사무소

임성필

집 파트너스 대표 및 소장. 경기대 건축전문대학원을 졸업하고, 정림건축에서 20년 동안 디자이너로 작업했다. 건축적 개념 '통(通)'과 '집(ZIP: 모든 건축은 집이다)'을 주제로 사람, 자연, 도시, 문화와 소통하며 살아 숨쉬는 공간과 장소를 만들어 가고 있다. 지역사회를 위한 공공성 작업인 교회 건축에 관심이 있다. 주요 작품으로는 국립디지털도서관(국립중앙도서관 전면), 일산 킨텍스, 테헤란로 어번 벤치, 서울 파트너스 하우스, 경기도 광주시청사, 해운대 온누리교회, 용인 글로리 파크, 구미 고아성당, 신세계 회장 주택이 있다. 서울시장 표창, 서울시 건축상, 건축문화대상, 교회건축 대상, 국립현대미술관 서울관 현상설계 최우수상, 서울사진미술관 국제현상설계 4위를 수상하였다.

여덟 집과의 대화

집을 읽다.

초판 2020년 4월 17일 1쇄 발행

저자 포머티브건축사사무소, 건축사사무소 공유, 로디자인, 집 파트너스 건축사사무소
발행인 김기현
발행처 시공문화사
편집 권미주
디자인 스튜디오베이스

출판등록 1993년 3월 12일
주소 (03733) 서울시 서대문구 독립문공원길 13 극동프라자 5층
전화 02-3147-1212
팩스 02-3147-2626
www.spacetime.co.kr
spacetime@korea.com

ISBN 978-89-5592-432-9 (93540)
정가 20,000원